Elke Loewe

DIE WILDBLUMEN-SAMMLERIN

Illustrationen von Matthias Holz

Rowohlt Hundert Augen

Für Roter Löwe

Originalausgabe
Veröffentlicht im Rowohlt Verlag, Hamburg, April 2021
Copyright © 2021 by Rowohlt Verlag GmbH, Hamburg
Covergestaltung any.way, Barbara Hanke / Cordula Schmidt
Coverabbildung Matthias Holz / Kombinatrotweiss
Satz aus der Quadraat bei Dörlemann Satz, Lemförde
Druck und Bindung CPI books GmbH, Leck, Germany
ISBN 978-3-498-00234-3

Die Rowohlt Verlage haben sich zu einer nachhaltigen Buchproduktion verpflichtet. Gemeinsam mit unseren Partnern und Lieferanten setzen wir uns für eine klimaneutrale Buchproduktion ein, die den Erwerb von Klimazertifikaten zur Kompensation des CO_2-Ausstoßes einschließt.
www.klimaneutralerverlag.de

Inhalt

Orte der wilden Blumen 7

· Der Wald ·

Bärlauch 19
Leberblümchen und
Geflecktes Lungenkraut 25
Roter Fingerhut 31
Siebenstern 37

· Am Wasser ·

Sumpf-Schwertlilie und Kalmus 46
Wasserminze 53
Rundblättriger Sonnentau 59

· Am Weg ·

Acker-Winde 68
Duftveilchen 75
Echtes Johanniskraut 81
Gewöhnlicher Reiherschnabel 87
Kornblume 92

Wilde Malve 98
Klatschmohn 104
Gewöhnliche Wegwarte 109

· Auf der Wiese ·

Kuckuckslichtnelke und
Scharfer Hahnenfuß 119
Gänseblümchen und Margerite 125
Gewöhnliche Schafgarbe 131
Echte Schlüsselblume 136
Wiesensalbei 143
Gewöhnlicher Löwenzahn 149

Quellennachweis 157
Weiterführende Literatur 158
Die Autorin / Der Illustrator 160

Orte der wilden Blumen

Ich bin Mowgli, der Frosch. Ich verstecke mich unter den tief herabhängenden Zweigen der Schwarzen Johannisbeere am Ufer der Ise. Meine Schwestern haben mir aus dem Dschungelbuch vorgelesen. Mein Dschungel ist bunt, wild, gefährlich und weit genug weg vom Elternhaus, dass Rufe mich nicht erreichen können. Noch sind die kleinen Beeren am Busch grün, aber wenn ich die Blätter zwischen den Fingern zerreibe, verheißen sie etwas vom Geschmack der Tage, wenn sie schwarz werden. Neben mir ragen die sonnengelben Blüten der Iris an festen Stängeln hervor, steif streben ihre grünen Blattschwerter nach oben, dazwischen steht der Kalmus mit seinen gerafften Lanzenblättern und hüllt mich ein mit Apfelduft. Ich kann mir keines seiner Blätter zum Kauen abbrechen, sosehr ich es auch möchte, denn der Wasserknöterich im seichten Wasser wartet darauf, nach mir zu greifen, um mich in die Tiefe zu ziehen. Er heißt Herr Harkemann und würde unvorsichtige, auch unartige Kinder mit seinen langen knotigen Ranken, auf denen viele rosafarbene Blüten sitzen, in den Fluss harken, falls sie ihm zu nahe kämen. Ich kann noch nicht schwimmen und glaube fest daran, dass meine Freunde Balu, der Bär, und Baghira, der Panther, mich aus dem Wasser retten würden. Trotzdem habe ich mächtigen Respekt vor Herrn Harkemann.

· Orte der wilden Blumen ·

Für das größere Kind erweiterte sich das Revier um einen besonders verwunschenen Ort: Der lange schon verwilderte Park gegenüber meinem Elternhaus wurde unter dem Einfluss von Grimms Märchen zum Schlosspark. Unter den alten Platanen und Buchen wuchsen Efeu, Buschwindröschen und Maiglöckchen, am Teich standen Sumpfdotterblumen, Blutweiderich und Rohrkolben, Pompesel genannt. Im Winter, wenn der Fluss gestaut wurde und die Wiesen überschwemmte, liefen die alten, ehedem sorgfältig geharkten Wege im Park voll Wasser und bildeten ein verzweigtes Kanalsystem, das bei Frost die herrlichsten Schlittschuhbahnen vorhielt. Eingefroren im Eis waren Gräser und Kraut, manchmal gab es darin ein erstarrtes Gänseblümchen, mit weißem Strahlenkranz und gelbem Punkt in der Mitte, schön wie Schneewittchen im gläsernen Sarg. Wenn dann die Buschwindröschen blühten, war das Eis längst schon wieder getaut und der Ise zugelaufen. Buschwindröschen hielt ich für Elfenblumen. Elfen kannte ich aus Grimms Märchen, sicher waren sie zart und durchscheinend wie die Blütenblätter, manchmal rein weiß, manchmal auch rosa. In der Blumenvase mochten Buschwindröschen es nicht aushalten. Maiglöckchen hingegen waren Prinzessinnen der Vase, böse Prinzessinnen, die sogar das Wasser in ihr vergifteten. Kein Teil davon darfst du anfassen. Gift gab es auch in den Märchen. Damit wurden nicht nur böse Menschen umgebracht. Ich hütete mich also vor dem Pflücken der Stängel mit den Glöckchen. Dass dieser verwunschene Ort, wo Elfen und Mörderpflanzen lebten, einmal angelegt und bepflanzt worden war, davon hatte ich keine Ahnung.

· Orte der wilden Blumen ·

Für den Teenager, der ich geworden war, waren die im August bienenumsummte, rosafarbene Heide, Pioniervegetation nach der Abholzung der Wälder, und die Melancholie der kleinen, kaum ein paar Quadratmeter großen, schwarzen Moorkolke zwischen den nacheiszeitlichen Dünen im Urstromtal der Aller die meiner Stimmung entsprechende willkommene und vollkommene Wildnis. Es wuchsen dort Besen- und Glockenheide, die Rausch-, die Krons-, die Moosbeere. Alle fünf Pflanzen waren besetzt mit rosa bis rosaroten Blüten. Am Rand der offenen Wasserfläche der Kolke breitete sich Sphagnum aus, das Torfmoos; wo es ein bisschen trockener war, glitzerte der Sonnentau. Seine klebrigen tropfenbesetzten Blattspitzen und die winzigen weißen Blüten übten eine magische Anziehungskraft auf mich aus, gebannt beobachtete ich, wie die runden oder länglichen Blätter sich um ein Insekt schlossen. Noch kannte ich nur wenige Pflanzen mit ihrem Namen. Mit dem bald vom vielen Gebrauch zerfledderten Kosmos-Band der Wildpflanzen «Was blüht denn da?», der seit langem immer wieder in einer neuen Ausgabe erscheint, erschloss ich mir nach und nach alles Grüne und Blühende. Ein großer Teil von dem, was ich über Wildblumen weiß, basiert auf diesem Bestimmungsbuch. Erst als Erwachsene lernte ich das «Biotop» als den Lebensraum bestimmter Gesellschaften kennen, später kam «Diversität», die Vielfalt, dazu. Und den Respekt lernte ich ebenfalls, besser: die Achtung vor der Natur. Natur ist das nicht vom Menschen Geschaffene. Lateinisch «natura» von «nascere», das heißt, entstehen, geboren werden. Es brauchte lange, bis ich noch etwas anderes begriff: Alle Pflanzen, alle Tiere, alle Gewässer und alle Gesteine als Teil der Erdoberfläche sind Natur. Und der Mensch ist es auch. Doch weil er sich die Erde untertan gemacht hat, gewöhnte er es sich an, die Natur von außen zu betrachten, ein fatales Fehlverhalten, das geradewegs zur heutigen Klimaveränderung geführt hat.

Mit meinem wachsenden Wissen ging bald die Wut einher angesichts leichthändig mit Herbiziden abgespritzter Ecken und Kanten, Verkehrsinseln und Bushaltestellen, Vorgärten, Bahnböschungen und Feldern, auf denen vorher wilde Pflanzen wuchsen. Laut Lexikondefinition ist eine Blume eine Pflanze, die blüht, althochdeutsch «bluoma», mittelhochdeutsch «bluome», aus einer sprachlichen Wurzel stammend, die «blühen» bedeutet und von der sich auch die entsprechenden Wörter in vielen anderen Sprachen herleiten lassen, flower, fleur, fiore.

Alle Menschen lieben Blumen. Aber die Wildblume ist keine in Plastiktöpfen millionenfach Vermehrte, produziert, um den jahreszeitlichen Blütenhunger zu stillen, sei es durch Keimlinge, Klone und Stecklinge, heranwachsend in rund um die Uhr beleuchteten Gewächshäusern, die nachts strahlen wie ein Raumschiff im Orbit. Eine Wildblume, althochdeutsch «wildi», ist eine nicht kultivierte Pflanze, die durch keinerlei Züchtung verändert wurde. Vermutlich ist «wild» verwandt mit Wald. Eine Wildblume ist ungezähmt, ein Wildfang. Sie wächst auf dem Feld, im Wald, am Wegrand, auf Schutthalden, auf Sandhaufen, im Gebüsch, auf Wiesen, im Wasser, in Feuchtgebieten, auf Gleisbetten, in Hafenanlagen. Wo man sie lässt, bildet sie Gesellschaften, manchmal größere Kolonien, sie schafft

Räume, Teppiche, Matten, Bilder. Ihre Übergänge untereinander sind fließend, sie verschränken sich ineinander, und sie decken oft den Boden, auf dem sie wachsen, mit vergänglicher Farbenpracht. Blühende Wildblumen kann man nicht besitzen, ihre Anmut nicht festhalten, sie sind Verschwinder. Hat man gestern noch eine gelbe und rotviolette Wiese gesehen, ist sie über Nacht wieder grün. Die ganze Schönheit der manchmal winzigen Blüten erschließt sich oft erst unter der Lupe oder dem Makro-Objektiv. Im Wald, wo es wenig Insekten als Bestäuber gibt, vermehrt sie sich oft vegetativ durch Wurzelausläufer, Rhizome, Verdickungen und Knoten. Auffallend viele Wildblumen im Wald blühen weiß, sie leuchten ihre Umgebung aus.

Meine Wildblumen haben viele Namen. Ich nenne sie: Stadtindianer. Bergsteiger. Schuttplatzeroberer. Wiesenpatscher. Waldbader. Wegpioniere. Furchenkeimer. Moorsiedler. Salzwiesenkämpfer. Wasserwesen. Mauerklimmer. Würgeranke. In den Revieren der Menschen behaupten sie sich, indem sie an den unmöglichsten Orten keimen, wo der Wind, vorbeifahrende Autos oder Vögel ihren Samen fallen lassen haben. Oft werden sie dann gehackt, ausgerissen, zertreten, gespritzt, kurz: fortgejagt. Selten werden sie wahrgenommen, in ihrer Schönheit wie in ihrer Gefährdung. Wie der fast ausgestorbene Schierlings-Wasserfenchel, Oenanthe conioides, der an den Orten im Hamburger Hafen wuchs, die für wichtigere Dinge als Pflanzen gebraucht werden. Die zwei Meter hohe Pflanze, die weltweit nur in und um Hamburg vorkommt, war Teil eines Rechtsstreits wegen der Elbvertiefung und wurde umgesiedelt.

In seinem Buch «Die Karte der Wildnis» zitiert Robert Macfarlane seinen Freund Roger Deakin: «Die Wildnis ist überall, wir müssen einfach nur stehen bleiben und sie uns ansehen.» Und weiter Macfarlane: «Das in den Rissen des Gehwegs wuchernde Gras, die frech durch den Straßenasphalt stoßende Wurzel: Auch sie sind Wildnis, genau wie die Sturmwelle und die Schneeflocke.»

Last, but not least: Sind die drei wilden Walderdbeeren mit den winzigen, zuckersüßen Früchten, die mir meine Freundin Evelyn vor einigen Jahren aus ihrer Heimat Karelien mitbrachte, immer noch wilde Pflanzen? Durch menschliches Zutun kamen die Migranten aus der Wildnis Finnlands zu mir. Darf ich sie in diesem Buch beschreiben, ihr zartes Blütenweiß, die rubinrote Farbe der Früchte und deren köstlichen Duft, und wie diese Walderdbeeren, versteckt in meinem kleinen Waldstück unter Farn und Knoblauchsrauke es immer wieder schaffen, Blüten und Früchte hervorzubringen, die zum Sommer gehören? Ich habe es getan. Eben. Meine Freundin lebt nicht mehr, aber ihre wilden Mitbringsel sind bei mir geblieben und wandern in jedem Jahr mit ihren Ausläufern ein Stückchen weiter und erinnern mich an unsere gemeinsame Zeit.

Alle Wildblumen, die ich in diesem Buch beschreibe, sind mir irgendwann begegnet. Oft verbindet sich eine Geschichte mit ihnen. So ist es eine sehr persönliche Auswahl geworden. Und weil ich in Norddeutschland lebe, kommt das Ganze schon ein wenig nordlastig daher, auch wenn es Ausreißer ins Mittelgebirge, den Steigerwald, gibt und einen Abstecher in die Isarauen bei München. Meine Wildblumen sind

Wald-Wildblumen, sie heißen Siebenstern, Bärlauch, Roter Fingerhut, Leberblümchen, Geflecktes Lungenkraut. Sie sind Wiesen-Wildblumen und heißen Gewöhnlicher Löwenzahn, Kuckuckslichtnelke, Scharfer Hahnenfuß, Margerite, Gänseblümchen, Echte Schlüsselblume, Wiesensalbei, Gewöhnliche Schafgarbe. Sie sind Wegrand-Wildblumen und tragen die Namen Echtes Johanniskraut, Gewöhnliche Wegwarte, Kornblume, Klatschmohn, Wilde Malve, Duftveilchen, Acker-Winde, Gewöhnlicher Reiherschnabel. Sie sind Wasser-Wildblumen: Sumpf-Schwertlilie, Kalmus, Wasserminze, Rundblättriger Sonnentau.

Im sonnenwarmen August begann ich mit der Arbeit an diesem Buch, jetzt füllt der November die Tage und Nächte mit Nebel, Nieselregen oder Windgebraus. Am Rand meiner Wildhecke steht eine zwei Meter hohe Malva sylvestris, die all den Unbilden des Wetters trotzt, ebenso wie den herabprasselnden Eicheln vom Baum vis-à-vis und vielleicht auch dem Herbst und dem Winter. Als vorhin einmal die Sonne zwischen grauen Wolken sichtbar wurde, leuchteten im Gegenlicht drei letzte hellrotviolette Blüten zwischen ein paar zerzausten grünen Blättern auf.

Der Wald

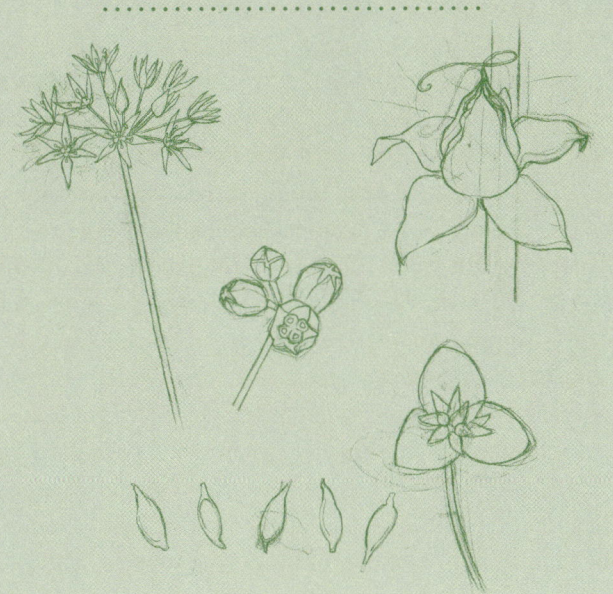

· Der Wald ·

Der Wald gibt seinen Namen für Pflanzen und Tiere, für Orte, Zustände und Gefühle. Waldkindergarten, Waldkauz, Waldbaden, Waldeinsamkeit, Waldfrevel, Waldmeister, Waldlehrpfad oder Waldsterben, diese Liste ließe sich leicht fortsetzen, das Deutsche kennt wirklich viele Wörter, die mit Wald zu tun haben. Manchmal denkt man, man steht im Wald, und so, wie man in den Wald hineinruft, so schallt es wieder heraus, und man kann doch den Wald vor lauter Bäumen nicht sehen. Wald, das ist das nicht bebaute Land und eine baumbestandene Fläche. Uns erscheint er wie eine Wildnis, aber das ist er hierzulande nicht, und erst recht kein Urwald, kaum fünf Prozent der deutschen Forstflächen werden nicht bewirtschaftet, sogenannter Naturwald. Nach rein ökonomischen Kriterien ist er ein Holzlager. Aber: Der Wald speichert Wasser und produziert Sauerstoff, er ist nach den Ozeanen der wichtigste Kohlendioxidsenker, weltweit bindet er mehr als 800 Milliarden Tonnen Kohlenstoff. Er ist das produktivste Landökosystem, doch die sich rasant verändernden klimatischen Bedingungen lassen immer mehr Wald kollabieren. Das gilt, auf unterschiedliche Weise, für den tropischen Regenwald und für unseren. Und trotzdem behauptet sich trotzig auch blühendes Leben unter den belaubten oder den unbelaubten Kronen der Bäume. Auf den nächsten Seiten gibt es Geschich-

ten aus Wäldern, die ich schon lange kenne. Vom Bärlauch, an dessen scharfem Knoblaucharoma sich die Geister scheiden, von Leberblümchen und Geflecktem Lungenkraut, den zarten Gewächsen mit Zauberkraft, vom Roten Fingerhut, einer bös giftigen Pflanze mit exotischen Blüten, die ganz ohne Magnetnadel einen Kompass ersetzen können, und vom Siebenstern, dem Relikt aus der Eiszeit, der den Himmel auf die Erde holt.

· Der Wald ·

Bärlauch

Bärlauch – *Allium ursinum, aus der Familie der Amaryllisgewächse*

Vor langer, langer Zeit, als es in Europa noch endlose Wälder, wilde Tiere und im Winter monatelang Schnee gab, hausten in einem großen Auenwald braune Bären, die hielten ihren Winterschlaf in den Höhlen trockener Hügel. Wenn die Bären im Frühling wieder aufwachten, gerade so zur Zeit der letzten Schneeschmelze, stolperten sie schlaftrunken auf der Suche nach Futter durch den Wald. Was sie mit der Nase schnuppernd fanden, weil es weithin nach Knoblauch roch, das waren spitze Blätter, die Oberseite grün glänzend, die Unterseite grün matt, die fraßen sie ratzekahl ab und verdauten sie in ihren Bärenbäuchen und Bärendärmen. Im Lauch steckten Allicin und Alliin, davon wussten die Bären nichts, und die Blätter stanken nach Schwefel, aber der machte den Bären nichts aus. Bald nach dem Winter schauten sie wieder so bärenstark aus wie vordem. Seit jenen lang vergangenen Zeiten heißt die Pflanze mit den zwei lanzettspitzen grünen Blättern und der Scheindolde mit den weißen Sternblüten Bärlauch. Und wer jetzt denkt, die Geschichte sei erstunken und erlogen,

der oder die gehe zeitig im Jahr in einen Auenwald, pflücke sich ein paar Bärlauchblätter, hacke sie fein, mische sie in den Salat, rühre sie in den Quark oder backe sie im Pfannkuchen. Bald nach dem Verspeisen solcher Leckereien wird der oder die ein bisschen nach schwefligem Knoblauch stinken und bärenstark geworden sein. Versprochen. Und dies ist der Beweis: Schon lange bevor der schwedische Naturforscher Carl von Linné im 18. Jahrhundert die Pflanze in seine Nomenklatur aufnahm, hatte der Lauch den lateinischen Namen Allium ursinum bifolius vernum sylvaticum: «Lauch des Bären, zweiblättrig und frühlingsblühend im Wald».

Ich sah ihn zum ersten Mal an der Isar, als es den Bärlauch noch nicht in jedem zweiten Käse und jedem dritten Rezept gab. Früh im März streifte ich mit meiner Schwester durch die von Erlen und Weiden bewachsenen Flussauen südlich von München. Auf den etwas abseits von der Isar liegenden Schotterbänken, die nur selten überflutet werden, hatten es die kleinen Bärlauchzwiebeln geschafft, zwischen den glattgeschliffenen Kieseln Wurzeln nach unten und Blätter nach oben zu schieben. Vielleicht waren die ölhaltigen Samen von Ameisen dorthin geschleppt worden. Meine Schwester und ich pflückten die jungen Blätter, die wir zu Hause fein hackten und mit Pinienkernen in einem Mörser zu einem Pesto zerdrückten. Wir aßen es zu den Nudeln, und ich war begeistert. Und nicht nur dies: Auch wenn der Bärlauch nicht mehr offizinell, also als Heilpflanze gilt, ist er stoffwechselanregend, blutdrucksenkend und keimtötend. Manche Menschen empfinden ihn als stinkend, für mich hat er einen leckeren Duft. Nur verwechseln mit dem Maiglöckchen darf man ihn nicht, denn dessen Gift ist tödlich. Maiglöckchenblätter wachsen paarweise an einem Stiel, Bärlauchblätter kommen immer einzeln aus der Erde.

Jede überwinterte Bärlauchzwiebel schiebt im Frühjahr nur exakt zwei grüne Blätter heraus. Die Zwiebel ist eine Nährschuppe, die das erste Blatt und den Blütenstängel aus dem Boden treibt. Aus einer Knospe der Achsel des ersten Blattes wächst das zweite Blatt. In dessen unterem Ende, der Basis, speichert der Lauch Nährstoffe und bildet eine neue Zwiebel, die jungen Wurzeln ziehen diese Zwiebel fest in den Boden.

Die Blüten des Bärlauchs erwecken den Eindruck einer Dolde, sie setzen sich aus Teilblütenständen zusammen, oft bis zu zwanzig Stück, die Schraubeln heißen, weil der Blütenstand schraubenförmig ist. Pro Blüte reifen sechs Samen in einer Kapsel heran, sie fallen meist in unmittelbarer Nähe der Pflanze auf den Boden und keimen im nächsten Frühjahr. Wo ihnen der Boden zusagt, bilden sie neue Kolonien. Die Blüte muss früh stattfinden, bevor die Wälder sich belauben und es schattig wird. Spätestens im Frühsommer zieht der Bärlauch den grünen Farbstoff seiner Pflanzenzellen, das Chlorophyll, aus den Blättern, die braun werden und vertrocknen, sodass nichts mehr von ihm sichtbar ist.

Im Süden Deutschlands gibt es viele Bärlauchvorkommen, der Norden ist arm an natürlichen Standorten. Einige Jahre nach meinem Ausflug in die Isarauen sah ich im fränkischen Steigerwald an dessen sanft ansteigenden Hängen sowie in den feuchten Talmulden der Keuperlandschaft aus rotsandigem Ton große, blühende Bärlauchbestände, umschwirrt von

Wildbienen und Fliegen. In den Restaurants der kleinen fränkischen Weindörfer, ausgestattet mit schattigen Innenhöfen, werden viele Gerichte traditionell mit Bärlauch serviert. Besonders der Pfannkuchen ist eine köstliche Spezialität.

Der Wald

Doch irgendwo in Norddeutschland, zwischen Elbe und Weser, kenne ich ein sehr kleines Wäldchen, wo efeuumrankte Stieleichen und Buchen auf einem lehmigen, kalkreichen Staunässeboden stehen, wo sie umfallen und verrotten dürfen, wenn der Sturm sie umgeworfen hat oder wenn sie ihr Lebensalter erreicht haben. Hier wächst der Bärlauch wie verrückt, weithin sicht- und riechbar, bevor der Blattaustrieb der Bäume einsetzt. Im April schwebt über grünen Blättern ein Meer aus weißen Sternblüten, Schaumkronen gleich, das Bild sei gestattet, denn die Nordsee ist nicht weit entfernt. Auf dem selten befahrenen Hauptweg wächst schnurgerade, ein Kuriosum, in tiefen alten Wagenspuren der Bärlauch, gekeimt aus den Samen der vergangenen Jahre. Könnte sein, dass hier mal ein Wolf kreuzt, der kleine Wald selbst darf außerhalb des Weges nicht betreten werden. Von hungrigen Bären habe ich keine Kunde.

Ich traf einen alten Mann, neben ihm eine zustimmend nickende alte Frau, und sagte, wie schön sie es mit diesem kleinen Wald an ihrem Dorf hätten, ich käme in jedem Jahr extra zur Bärlauchblüte hierher. «Schön nennen Sie so etwas?», sagte der alte Mann. «Der Wald gehört mal ordentlich aufgeräumt!»

· Der Wald ·

Leberblümchen und Geflecktes Lungenkraut

Leberblümchen – Hepatica nobilis, aus der
Familie der Hahnenfußgewächse ◆ Geflecktes
Lungenkraut – Pulmonaria officinalis, aus
der Familie der Raublattgewächse

Noch gibt es Buchenwälder. Bevor an den Bäumen die Blattknospen aufbrechen und mit ihrem dunklen Grün den lichten Wald dämmern lassen, färben sich für ein paar Wochen manche Berghänge in den Mittelgebirgen azurblau; blühende Leberblümchen zaubern auf den kalkreichen Böden den Frühling herbei. Häufig wächst dazwischen das Gefleckte Lungenkraut, und das kann ebenfalls zaubern: Beim Aufblühen ist die Blüte rotviolett, ein paar Tage später wechselt sie zu einem klaren Blau. Bei Pulmonaria officinalis geschieht dies während der Anthese, das ist die Zeit vom Aufblühen bis zum Abfallen der Blütenblätter. Der PH-Wert verändert sich, die saure rote Blüte wird dabei zur basischen blauen. Ich habe beobachtet, dass Insekten eher die jungen roten Blüten besuchen als die späten blauen, vermutlich enthalten die roten einfach noch mehr Nektar. Der Volksmund hat wegen des Farbwechsels dem Lungenkraut die Namen Brüderchen und Schwesterchen oder Hänsel und Gretel gegeben. Ich finde, diese Namen passen ebenso gut zu Lungenkraut und Leberblümchen. Botanisch verwandt sind sie nicht, dennoch haben sie einige Gemeinsamkeiten. Sie stehen oft zusammen, beider Blätter sind wintergrün, oder ihre Überwinterungsknospen liegen an der Erdoberfläche, sie werden deshalb als Hemikryptophyten bezeichnet, das ist griechisch und bedeutet «Halb-verborgen-Pflanze».

In der Kulturlandschaft der Nordsee- und Flussmarschen mit ihren schweren Sedimentböden, den Ablagerungen durch die Gezeiten, fehlen Leberblümchen und Lungenkraut, ebenso auf dem sauren Boden der Moore, die aus dem Torfmoos gewachsen sind. Auf der norddeutschen Geest, dem sandigen Boden der Eiszeit, gibt es ein natürliches Vorkommen der kleinen Pflanzen nur selten. Aber in «meinem» geheimen Bärlauchwald, da blühen im März und April an versteckten, eher trockenen Plätzen neben dem Hauptweg auch Leberblümchen und Geflecktes Lungenkraut. In jedem Jahr verspüre ich wieder Herzklopfen vor freudiger Aufregung, wenn ich auf dem ziemlich nassen Weg in den kleinen Wald gehe. Noch sind die Bäume kahl, am Himmel kreisen zwei Bussarde, manchmal ruft einer von ihnen, mehr ist nicht zu hören. Zuerst sehe ich nur ein blühendes Leberblümchen, dann einen Meter nach links und nach rechts noch zwei, bis mein suchender Blick sich auf dieses fast unwirkliche Blau eingestellt hat und noch ein paar mehr findet, eine Freude, wenn auch kein Vergleich mit den azurblau gefärbten Berghängen Frankens. Vier oder

fünf kurze Blütenstängel sprießen aus dreilappigen, harten Winterblättern, die platt auf dem Boden liegen und ein bisschen gerupft aussehen. Unter der 15 Millimeter großen Blüte mit den sechs blauen Blütenblättern sitzen drei grüne Hochblätter, sie halten die Blüten fest im Griff. Und dann entdecke ich auch das Lungenkraut. Die Stängel mit den dunkelroten und manchmal blauen Blüten, die kleinen Glocken gleichen, auch sie stehen noch mit dem zerzausten Winterblatt über dem Waldboden, die weiß gefleckten Laubblätter entwickeln sich erst später. Die Blüten bestehen aus fünf Kelchblättern, und wie bei der Schlüsselblume sind sie heterostyl, das heißt zweigriffelig, es gibt also unterschiedlich gestaltete Blütentypen, um Selbstbestäubung zu verhindern. Bei Leberblümchen und Lungenkraut hat die Evolution den Wind als Helfer nicht vorgesehen, für den Fortbestand ihrer Art brauchen sie Insekten. Das Lungenkraut hält Pollen und Nektar für langrüsselige Wildbienen und Schmetterlinge vor, das Leberblümchen produziert in seiner Blüte keinen Nektar, nur Pollen, den streifen Schwebfliegen und Bienen ab. Heute sehe ich keine dieser Fliegenden, vielleicht kommen sie morgen.

Im 12. Jahrhundert nannte Hildegard von Bingen das Lungenkraut wegen des lungenähnlichen Aussehens der gefleckten Blätter Lungwurz. Sie empfahl es deshalb als Medizin bei Lungenkrankheiten. Im 16. Jahrhundert formulierten Paracelsus und Giambattista della Porta schriftlich die Lehre von den Signaturen, nach der von Form und Farbe der Blüten oder Blätter sowie anderer Eigenschaften einer Pflanze auf deren medizinische Wirkung geschlossen wird. Wissenschaftlich zu belegen sind die Formzeichen der Natur nicht, gleichwohl haben traditionelle Welt- und Naturerklärungen heute wieder Konjunktur. Und tatsächlich gibt es in den Blättern des Lungenkrauts Stoffe, die entzündungshemmend wirken. Die dreilappigen Blätter des Leberblümchens, deren Form entfernt an das namengebende Organ erinnern, beinhalten allerdings keine bei Lebererkrankungen heilende Substanz; die Pflanze ist sogar schwach giftig, und in der Naturheilkunde spielt sie keine Rolle mehr.

Im Mittelalter wurde gern die Jungfrau Maria als Erklärungshilfe herangezogen, nicht nur, wenn eine Pflanze so auffällig weiß gefleckte Blätter wie das Lungenkraut trug. «Unser lieben Frauen Milchkraut» lautet eine volkstümliche Bezeichnung, und das nicht nur auf Deutsch («Our lady's milkdrops», «Herbe au lait de Notre-Dame»); man meinte, die weißen Flecken auf dem grünen Blatt sei die Milch Marias, die aus ihren Brüsten tropft.

Zu berichten ist noch von den Ameisengärtnern. Leberblümchen- und Lungenkrautsamen kommen beide als winzige Nüsschen daher und sind ummantelt mit einer eiweißhaltigen Ölschicht, Elaiosom genannt. Emsig schleppen die Ameisen sie zu ihren Erdlöchern oder Hochbauten, und was sie unterwegs verlieren, das wird vermutlich keimen. Ameisen konstruieren nicht nur phantastische Belüftungen, damit es im Bau nicht schimmelt, sie können auch Pflanzen vermehren. Es ist ein Vergnügen, sie bei ihrer Arbeit zu beobachten.

In Oberfranken wird wegen der Erderwärmung bereits mit der Libanonzeder als Ertragsbaum experimentiert. Ob Leberblümchen und Lungenkraut darunter wachsen und blühen werden? Noch gibt es Buchenwälder.

· Der Wald ·

Roter Fingerhut

Achtung: Sehr giftig

....
Roter Fingerhut – *Digitalis purpurea,*
aus der Familie der Wegerichgewächse
....

Wenn man im Hochsommer in einem großen und fremden Wald fröhlich dem Goethe'schen Satz: «Ich ging im Walde so für mich hin, und nichts zu suchen, das war mein Sinn», folgt, wenn man dann die Orientierung verloren hat und sich gänzlich verirrt, wenn die Sonne nicht scheint, alle Bäume und Farne gleich grün aussehen und das Mobiltelefon null Striche anzeigt, wenn man also keinen blassen Schimmer mehr von der Himmelsrichtung hat, sich auf einem älteren Kahlschlag erschöpft auf einen Baumstumpf niederlässt und es schwer bereut, in der Jugend keine Pfadfinderin gewesen zu sein, die mit dem Verzehr von Blaubeeren, Bucheckern und Moosen bestimmt überlebt hätte, und wenn dann auf der Lichtung viele, viele purpurrot blühende Blumen stehen, die sich alle zu einer Seite neigen – dann wird alles gut. Ehrlich. Vorausgesetzt natürlich, dass man von der einseitswendigen Eigenschaft der Pflanze Kenntnis hat. Der Fingerhut ist phototrop, das ist griechisch und bedeutet (Hin)wendung zum Licht: Stängel und sämtliche Blüten vom Fingerhut richten sich nach Süden aus. Und wenn man dann noch die Landkarte oder GoogleMaps mit der geographischen Position der Dörfer am Wald visualisieren kann, dann ist man aus Dankbarkeit für die Errettung durch den himmelsrichtungsanzeigenden Fingerhut sofort bereit, für immer an helfende Elfen und feine Feen zu glauben.

Die Elfen übrigens, besonders die in Wales, setzten sich die Blüten des Fingerhuts als Helm auf den Kopf oder trugen sie an den zarten Händen, darum heißen die Blumen auf Walisisch auch Menyg-Ellion, Elfenhandschuh. In Irland sollte der Fingerhut gegen den bösen Blick helfen, hoffentlich trank

man ihn nicht als Tee oder bereitete ihn als Salat zu, denn der Fingerhut ist, wie zum Glück viele Menschen wissen, hochgiftig. Entstanden ist der Name Fingerhut durch den Vergleich der Blütenkrone mit der metallenen Fingerkappe eines Schneiders. Finger heißt lateinisch digitus und Fingerhut digitalis.

Die einseitswendige Eigenschaft des Fingerhuts hielt ich lange Zeit für eine Folge des in Norddeutschland vorherrschenden Nordwestwinds. Es ist die obere Spitze des Blütenstängels, die noch vor dem Aufblühen nach Süden weist. Wenn die Knospen, die vorher zum Boden herabhängen, von unten nach oben aufblühen, recken sich die Blütenstiele ebenfalls nach Süden. Nur wenn der Fingerhut im dunklen Wald keimt, dann erfolgt diese Ausrichtung nicht. Er wächst allerdings eher auf kalkarmen Kahlschlägen und vermehrt sich zuverlässig aus vielen Kapselfrüchten mit unzähligen Samen darin. Dabei schafft er oft Massenansiedlungen, die beim Hochwachsen von Unterholz wieder verschwinden. Ursprünglich gedieh er nur in Westeuropa, von Südnorwegen bis Portugal; hierzulande ging seine natürliche Verbreitung bis zum Harz und zum Thüringerwald. Inzwischen ist er auch weiter östlich anzutreffen. Einzelne Arten des Fingerhuts sind in Südeuropa heimisch, merkwürdigerweise gibt es aus der Antike keine Erwähnung der Pflanze. Die erste schriftliche steht um 1542 im Kräuterbuch von Leonhart Fuchs, der aber noch keinen medizinischen Nutzen vermerkte. Erst seit Ende des 18. Jahrhunderts werden die Inhaltsstoffe des Fingerhuts gegen Herzinsuffizienz verwendet, doch Achtung, sie sind eine gefährliche Droge und nicht zur Selbstbehandlung geeignet.

· Der Wald ·

Die Blüte des Fingerhuts wird ihrer Form wegen Rachen-, aber auch Einkriechblüte genannt. Die Hälften der zwei Blütenlippen sind jeweils spiegelgleich. Zwischen Juni und August gelangen Hummeln und Bienen am Stängel von unten nach oben zum Nektar, dabei streifen sie den Pollen, den Blütenstaub, von zuvor besuchten Fingerhüten ab und beladen sich nach oben hin mit frischem, den sie zur nächsten Pflanze tragen. So kommt es zuverlässig zur Fremdbestäubung. Auf ihren Nektar-Beutezügen sehen Bienen und Hummeln etwas, was wir nicht sehen. Sie kennen kein Rot wie wir, stattdessen nehmen sie ultraviolettes Licht wahr. Die für das Menschenauge purpurfarbene Fingerhutblüte ist für sie blau-grün. Von ihren wunderschönen runden Fleckzeichnungen heißt es im Bestimmungsbuch lapidar, die Blüte ist im Schlund gefleckt. Diese Muster gleichen sich bei keinen zwei Pflanzen. Früher hielt man sie für Saftmale, die Insekten zum Pollen führen sollten. Heute nimmt man an, dass sie als Staubbeutelattrappen dienen und damit einen verlockenden Pollenbehälter vortäuschen.

In dem kleinen Büchlein «Blumen im Walde» von Helmut Bechtel aus den sechziger Jahren fand ich eine schwärmerische Beschreibung von Digitalis purpurea: «Wenn (...) sommerliche Wärme den Wald erfüllt (...) und Kaisermantel und Schillerfalter, Widderchen und Dickkopffalter über die schwülen Lichtungen segeln, dann verzaubert der Rote Fingerhut Schonungen und Kahlschläge in purpurrot blühende Gärten.»

Segeln diese vier Falter heute auch noch dort? Bunte Gartenhefte schlagen künstliche Bienen- und Schmetterlingspa-

radiese vor, auch andere Medien beteiligen sich zuverlässig in jedem Frühjahr wieder an der Rettung der Insekten und des Waldes. Nachdem das Verschwinden der vordem sommers an der Frontscheibe der Autos totgeklatschten Summenden und Flatternden unübersehbar geworden ist, wird nun allenthalben vorgeschlagen, im heimischen Garten eine Wildnis im Miniformat herzustellen. «Präriegarten? Magerwiese? Schattengarten? Macchia? Waldgarten? Kein Problem, kann man alles anlegen, und schon nach kurzer Zeit stellt sich die Artenvielfalt wieder ein. Hier sind die Vorschläge dafür. Und bitte beachten Sie die entsprechenden Anzeigen für die benötigten Pflanzen und Produkte am Schluss des Heftes.» Wenn es nur so einfach wäre und nicht fehlende Lebensräume Arten aussterben ließen. Doch einer profitiert von den Kahlflächen, entstanden durch niedergelegte oder vertrocknete Wälder, und versamt sich tausendfach: der Rote Fingerhut, Digitalis purpurea.

· Der Wald ·

Siebenstern

Der Siebenstern – Trientalis europaea,
aus der Familie der Primelgewächse

Es geschah an einem warmen Spätsommerabend auf der Nordinsel Neuseelands, als der Farmer Kim ein paar Freunde und mich fragte, ob wir seine Glühwürmchen sehen möchten («I would like to show you my glow-worms.»). Wir stapften, stolperten und rutschten im Licht unserer Taschenlampen durch eine nasse, moosbewachsene Schlucht, bis uns ein hoher Steilhang den Weg versperrte. Ein leichter Geruch von Moder umfing uns, die Taschenlampen erloschen, unsere Augen stellten sich auf die Dunkelheit ein. Und dann sahen wir sie: Sehr kleine, rot glühende, unentwegt funkelnde Lichter an der feuchten Wand. Hunderte oder gar Tausende. Da und da und da und da! Überall. Unfassbar schön.

Als er sie vor einiger Zeit entdeckt habe, flüsterte Farmer Kim, sei ihm vor Ergriffenheit nichts anderes eingefallen als: Galaxis. Ein wenig demütig und fast stumm verharrten wir lange vor diesem Schauspiel. Welche Gedanken die anderen beschlichen, ich weiß es nicht, für mich war es so, als atme die Erde hier ein und aus.

Der Wald

Mitte Mai, ein Jahr später, hatte ich unweit meines Hauses in der frühlingshaften Abenddämmerung Niedersachsens ein ähnlich umwerfendes Erlebnis. Es war mir, als hätte ich Farmer Kims Stimme im Ohr. My galaxy. Von einem vor langer Zeit abgetorften Stück Moor stieg das Aroma feuchter Walderde empor, ein wenig roch es nach Pilzen, obwohl keine zu sehen waren. Bestanden war das Stück mit schmalen weißen Stangen, Birken, die sich dem Himmel entgegenreckten. Mittendrin, auf dem fast schwarzen Boden einer Lichtung noch ohne die dichte sommerliche Farnvegetation, leuchteten zwischen den fest eingerollten Farntrieben kleine weiße Sterne auf. Zwanzig, dreißig waren es, nebeneinander, übereinander, hintereinander. Da und da und da und da! Viele, viele Siebensterne, aus sieben weißen Blütenblättern, von denen einige zartrosa schimmerten, während sie das abendliche Restlicht reflektierten, getragen wurden sie von einem kurzen Stängel über sieben grünen Laubblättern. Meine Galaxis. Direkt vor der Haustür. Dieses Mal beschlich mich Ehrfurcht, ich habe, vermutlich ein bisschen dümmlich vor mich hinlächelnd, die kaum zehn Zentimeter großen Waldsterne betrachtet, bis es gänzlich dunkel war.

Trientalis europaea ist mehrjährig und wird selten größer als zwanzig Zentimeter. Wo die Bedingungen für ihn optimal sind, also ein halbwegs saurer Boden, dazu kühl und feucht, bildet er große Bestände. Jede seiner Blüten sitzt auf einem winzigen gelben Ring und trägt sieben Staub- und sieben Kelchblätter, auch für Laien sehr gut zu erkennen. Insekten können die Blüten bestäuben, allerdings ist der Siebenstern

nicht darauf angewiesen, er vermehrt sich meistens über Ausläufer, das sind lange Rhizome, an deren Ende eine Knolle sitzt, aus der die Wurzeln für eine neue Pflanze sprießen. Für diese Erkenntnis buddelte ich, zugegeben, ein bisschen im Moorboden herum. In einem Buch über Pflanzen der Feuchtgebiete las ich, dass der Siebenstern ein Relikt aus der Eiszeit ist. Und weil ich in einer eiszeitgeprägten norddeutschen Landschaft lebe, hat mich diese Information besonders fasziniert. Es gab viele Eiszeiten, niemand weiß, wie viele. Fest steht, dass vor zwei Millionen Jahren eine Zeit der Üppigkeit und der großen Artenvielfalt, begünstigt durch ein sehr warmes und feuchtes Klima, das Tertiär, zu Ende ging. Es war eine ökologische Katastrophe; die Kälte kam. Im folgenden Quartär, dem Eiszeitalter, wechselten Kalt- und Warmzeiten einander ab, mal herrschte arktisches Klima, mal war es so gemäßigt wie heute. Vor ungefähr 20 000 Jahren befand sich Mitteleuropa noch in einem eisigen Kälteschlaf. Eine karge Tundrenlandschaft beherrschte den Kontinent; wenige kälteverträgliche Pflanzen siedelten hier, angepasst an die jahrtausendelange Trockenheit während der Gletschervereisung. 8000 Jahre vor unserer Zeitrechnung waren Skandinavien und Europa dann eisfrei. Einige der kälteangepassten Pflanzen zogen sich in den Norden oder in die Hochlagen der Gebirge zurück. In der nun folgenden regenreichen Zeit, durch das Schmelzen der Gletscher hatten sich Nord- und Ostsee mit Wasser gefüllt und der Atlantik war näher an Europa gerückt, besiedelte das Torfmoos, Sphagnum fallax, Niederungen, Senken und Seen, Verlandung setzte ein. An den Rändern der wachsenden Moore gab es nährstoff- und

· Der Wald ·

kalkarme Böden, ebenso wie am Ufer von Bächen und in kühlen Kiefern- und Fichtenwäldern – und hier konnte der kleine Siebenstern, das Relikt aus der Eiszeit, überleben.

Sein Name scheint bei so vielen Siebenen in seiner Gestalt – Blüten, Blätter – nur folgerichtig zu sein, zumal in der Botanik diese ungerade Zahl eher selten vorkommt. Gemeinhin wird angenommen, dass sich der ihm von Linné gegebene lateinische Name Trientalis europaea von der Größe der Pflanze

Kapselfrüchte
mit Samen

ableitet, trientalis ist Latein für «vier Zoll», das sind etwa zehn Zentimeter. Im Etymologischen Wörterbuch der Pflanzennamen von Helmut Genaust fand ich dann etwas, das mir sagte, meine Galaxis, die Milchstraße im schwarzen Moorboden, diese Vorstellung ist gar nicht so weit hergeholt, da ist schon bei Linné die Phantasie durchgegangen. Die sieben hellsten Sterne im Sternbild des Großen Bären, gedeutet als sieben Pflugochsen (lateinisch: triones), könnte Linné zu der Ableitung Trientalis gebracht haben. Vielleicht aber waren es auch die sieben Sterne der Plejaden. Oder die sieben Wandelsterne, Sonne, Mond, Venus, Merkur, Mars, Jupiter, Saturn.

Ja, ich kannte den Siebenstern als Einzelgänger schon viele Jahre, erst bei den Recherchen zu diesem Buch lernte ich ihn wirklich kennen. Meine finnische Freundin nannte ihn Metsätähti, meine schwedische nennt ihn Skogsstjärna oder Duvkulla, und meine norwegische sagt Skogstjerne, übersetzt heißt das jedes Mal Waldstern. Noch blüht er jeden Frühling, obwohl die Jahre immer wärmer werden, dieser Übriggebliebene aus den Zeiten der großen Kälte. Gut möglich, dass ein paar Leute der Spezies Homo sapiens in der Steinzeit die Vorfahren meines Siebensterns sahen, als sie unweit von hier ein Steingrab bauten und es nach den Himmelssternen ausrichteten.

Am Wasser

Am Wasser

*A*ls die Gletscher nach der letzten Eiszeit schmolzen, rauschte Wasser in Bächen und Flüssen den Urstromtälern zu, die es in die Meere brachten, bahnte sich krachend einen Weg durch Trichter und Tunnel, stand still in Niederungen und Senken. In der regenreichen Warmzeit des Atlantikums, das war ungefähr zwischen 8000 und 4000 v. Chr., wanderten krautige Pflanzen aus dem Süden langsam wieder in den Norden ein und vermehrten sich, begünstigt durch das warmfeuchte Klima. Wo es Wasser gab, siedelten sich Menschen an und beeinflussten den Wasserhaushalt. Indem sie bis heute Land entwässern oder bewässern, Wasserläufe vertiefen und begradigen, zuschütten oder neu anlegen, Wasserquellen ausbeuten oder vergeuden, wurden Pflanzen, deren Lebensraum das Wasser oder der Wassersaum ist, immer weiter zurückgedrängt oder ausgerottet.

Auf den nächsten Seiten erzähle ich vom (Migranten) Kalmus, von der Sumpf-Schwertlilie und der Wasserminze, alle drei beobachtete ich zuerst im Urstromtal der Aller, und vom Sonnentau, der höchst gefährdet ist.

Am Wasser

Sumpf-Schwertlilie und Kalmus

Sumpf-Schwertlilie – Iris pseudacorus, aus der Familie der Schwertliliengewächse ❖ Kalmus – Acorus calamus, aus der Familie der Kalmusgewächse

Als ich die Sumpf-Schwertlilie für mich entdeckte, hielt ich sie zuerst für eine Orchidee. Als Sonntagskind, so dachte ich, würde niemand außer mir sie sehen können. Meine Orchidee blühte gelb in einem tauben Seitenarm des Heideflusses. Ihr Duft lockte mich herbei, so verlockend, wie der erste Klarapfel im August schmeckt. Ich zog meine Söckchen und Schuhe aus und watete vorsichtig ins flache Wasser. Rings um einen vermodernden Holzkahn ragten lange grüne Schwertblätter, manche davon an beiden Seiten gewellt, und kräftige Blütenstiele mit großen, leuchtend gelben Blüten aus dem Wasser. Im Inneren des Kahns wuchs aus dem Bug, direkt neben der rissigen Holzbank, auf der ich saß, ein Blütenstiel mit Knospen, eine davon hatte sich gerade geöffnet. Ich steckte meine Nase hinein, doch die Blüte duftete nicht. Ich weiß noch, dass ich den Anflug einer Hummel verfolgte und geduldig zusah, wie sie sich zwischen den stehenden und hän-

genden Blütenblättern hindurchzwängte und dann rückwärts wieder herausschob. Danach duftete die Blüte immer noch nicht, sooft ich auch daran roch. Vermutlich war ich ziemlich enttäuscht von meiner Orchidee, ich watete durch das flache Wasser zurück und knickte dabei mehrere von den langen, seitlich gewellten Schwertblättern ab, dabei umfing mich gleich wieder der apfelige Duft. Sofort war ich fest davon überzeugt, dass die duftenden Schwertblätter zu den gelben Blüten gehören. So leckere grüne Blätter kannte ich bisher nur von zwei Pflanzen, von der Wasserminze hier am Fluss und von der Petersilie im Garten. Nun waren es drei geworden.

Ein paar Wochen später klärte sich der Irrtum auf. Eine Nachbarin meiner Mutter wies mich auf die gelb blühende Iris am alten Kahn hin, die sei viel schöner als deren graublaue Schwestern im Gartenbeet. Der märchenhafte Name Iris tröstete mich und half mir über den Verlust der vermeintlichen Orchidee hinweg.

Sumpf-Schwertlilien gibt es überall in Europa bis hin zum Kaukasus und Vorderasien, auch in Nordafrika wächst sie. Ihre langen, ineinander geschachtelten schwertähnlichen Blättern enthalten Lufträume, in denen sich Sauerstoff sammelt, denn die Pflanze wurzelt tief im Schlamm. An einem starken aufrechten Stängel wachsen im späten Frühling aus grünen Hüllblättern die gelben Blüten heraus. Sie tragen eine dunkle Aderzeichnung, die Saftmale, an denen entlang Hummeln und Schwebfliegen, langrüsselige Bestäuber, zum Nektar fliegen, krabbeln oder rutschen und dabei die Narbe, einen Teil des weiblichen Fruchtknotens, bestäuben. Die entstandene

Frucht der Schwertlilie ist eine Kapsel mit drei Fächern, in der die dicken braunen Samen übereinandergestapelt liegen. Sind sie reif, öffnen sich drei Klappen, und die Samen purzeln einer nach dem anderen heraus, meist ins Wasser. Und weil sie eine kleine Lufttasche besitzen, können sie praktischerweise von der Strömung weit mitgenommen werden, ohne dass sie untergehen.

Meinen zweiten Irrtum erkannte ich erst viele Jahre später im Botanischen Garten der niederländischen Stadt Leiden an einem Duft, der mich augenblicklich zurück in die Sommer meiner Kindheit katapultierte, dann sah ich auch die Form der an den Seiten gewellten Schwertblätter und las das Schild: Kalmus, Acorus calamus. Und wenn mich meine Erinnerung nicht trügt, entdeckte ich dort auch kleine Blüten in länglichen Kolben.

Der Kalmus stammt ursprünglich aus Indien, sein Name leitet sich vom griechischen kalamos, Halm, Schilf oder Rohr, ab. Römische, griechische, arabische und indische Pflanzenkundige wussten viel über die heilende Wirkung und hatten seinen Ruhm schon verbreitet.

Ende des 16. Jahrhunderts dann reisten im Gepäck von Pflanzenjägern erste Wurzelstöcke des Kalmus aus Konstantinopel nach Wien, und von dort aus gelangte er in die Klostergärten. Das Rhizom, medizinisch Radix calami aromatici, enthält ätherische Öle; der besondere Duft entsteht durch Aldehyde, aromatische Verbindungen aus dehydriertem, das heißt wasserentzogenem Alkohol. Dieses Inhaltsstoffes wegen ist der Kalmus Bestandteil von Magentees, er gilt als appetitanregend. Wegen der kurzen Vegetationszeit in Europa gelangt der Kalmus hier selten zur Blühreife, somit bildet er keine Samen aus und vermehrt sich nur vegetativ. Bis heute ist wahrscheinlich fast jeder Kalmus ein Klon. Aus den Klostergärten gelangte er jedenfalls in die Bauerngärten, die früher für den Heilpflanzenanbau noch eine große Bedeutung hatten. Jede Bäuerin und manch ein Bauer kannte sich mit den pflanzlichen Substanzen aus, oft gab es einen kundigen Naturdoktor im Dorf. Wuchs der Kalmus in einem Graben oder Teich, hielt er das Wasser an der Viehtränke sauber, das sagte die Erfahrung. So fand er über seine in Gräben gesetzten Rhizome, vielleicht auch, weil er sich zu sehr vermehrt hatte, den Weg in die Flussauen Europas. Auswanderer in die Neue Welt packten seine Wurzelstöcke in ihre Überseekoffer, indigene Völker räucherten mit der Wurzel oder kauten sie, vermutlich, weil sie leichte Halluzinationen erzeugt. Verantwortlich dafür sind Asarone, ziemlich giftige Verbindungen, denen auch eine aphrodisierende Wirkung nachgesagt wird.

Im 18. Jahrhundert bezeichnete Linné die Sumpf-Schwertlilie als «Falscher Kalmus», als Pseudacorus, so, wie heute noch ihr botanischer Name lautet. Mein kindlicher Glaube, die Schwertblätter der Sumpf-Schwertlilie und die ähnlichen, nur an den Seiten gewellten Schwertblätter des Kalmus gehörten zusammen, hatte also historische Parallelen, von denen ich nichts ahnte. Ebenso wie ich als Kind nichts von dem Namen Iris wusste, der volkstümlich für alle Schwertlilien benutzt wurde. Iris stammt aus dem Griechischen und heißt Regenbogen. Und tatsächlich gibt es Schwertlilien in fast allen Farben.

· Am Wasser ·

Sumpfschwertlilie
Kapsel mit drei Fächern
und schwimmfähigen
Samen

Kalmus
Blütenkolben
und Samen

In Mitteleuropa reifen die Früchte
des Blütenkolbens nicht

Die gelbe Sumpf-Schwertlilie ist und bleibt für mich aber die schönste Sumpfblume, geheimnisvoll leuchtend und sich im dunklen Wasser spiegelnd. Mit ihren Schwertblättern war sie größer als ich, das Kind, und oft, wenn der Wasserstand hoch ist, wächst sie darüber hinaus und wird größer als ich, die erwachsene Frau. Was den Acorus calamus betrifft, so könnte es sein, dass er durch die zunehmenden Dürreperioden und den ausbleibenden Winter bald auch in Europa regelmäßig mit sandfarbenen Kolben voller kleiner Blüten zu sehen sein wird, die sich zu winzigen roten Früchten entwickeln können.

Noch etwas: Ein am 24. Juni, dem Johannistag, kurz vor Mittag ausgegrabenes Rhizom des Kalmus soll, unters Kopfkissen gelegt, vor allen ansteckenden Krankheiten schützen; vielleicht sollte man sich noch eine Sumpf-Schwertlilienblüte auf den Nachttisch stellen, die kann ein Lächeln ins Gesicht zaubern.

· Am Wasser ·

Wasserminze

....
Wasserminze – Mentha aquatica,
aus der Familie der Lippenblütler
....

Von Eucharius Rößlin dem Jüngeren ist im 1533 erschienenen «Kreutterbuch von allem Erdtgewächs» die vermutlich erste Beschreibung der Wasserminze überliefert, handschriftlich und mit Zeichnungen. So ein Kräuterbuch wurde in erster Linie als Anleitung für den Anbau und die Verwendung der Pflanzen verfasst, adressiert an Ärzte und Apotheker, die fast alle selbst Heilpflanzenanbau betreiben. Sie brauchten ihren eigenen Hortum, den Garten, um die Wirkstoffe für ihre heilsamen Auszüge, Extrakte, Essenzen, Tinkturen, Tees und Pulver selbst herzustellen.

Carl von Linné erwähnte in seiner Nomenklatur die Wasserminze zum ersten Mal im Jahr 1753. Mentha aquatica ist eine Gesamteuropäerin, beheimatet eher im gemäßigten mitteleuropäischem Klima, sie wächst aber auch in Nord- und Südafrika oder Asien. Alle Wasserminzen brauchen feuchte Erde, der Boden unter ihren Wurzeln darf nicht austrocknen, also siedeln sie an fließenden oder stehenden Gewässern, an Gräben, Flussläufen oder Sümpfen. Sie produzieren in ihren

Blüten und Blättern ätherische Öle, Menthol hingegen so gut wie keines. Doch genau dieser Geschmack hat die meisten Menschen geprägt, Minze ist für sie fälschlicherweise gleichbedeutend mit Pfefferminzaroma.

Pflanzen am Wasser erinnern mich immer an meine Kindheit. Minzen, Kalmus und die Sumpf-Schwertlilie stehen oft zusammen, die beiden großen Schilfblättrigen im Wasser, die Minze mit ihren langen Ausläufern am Rand. Die Wasserminze war die Sägezahnblume, auf deren Blättern ich im Sommer kaute.

In diesem Jahr hatte ich mir vorgenommen, auf der Geest die Quelle eines mäandernden Bachs zu suchen, der viele Kilometer später als Fluss an beiden Seiten bedeicht in die Elbe mündet. Ich lief aufwärts am Ufer entlang und verfolgte einen schmalen Graben, der zu einem noch kleineren Graben unterhalb der sanften Hänge eines alten, ehemals sehr breiten Flusstals wurde. Dessen ebene Sohle dient als Grasland; wo es ansteigt und damit trockener wird, beginnen die Maisäcker. Was ich fand, waren drei sich sehr ähnliche Quellen, die nah beieinanderlagen. Aus dem sandigen Hang heraus drückte Wasser in einem stetigen, durchsichtigen Rinnsal, schuf gelbe Sandrippen, baute mittig einen runden Sandhügel auf und umfloss ihn bis in den kleinen Graben. Um diese Quellen herum, und nur dort, wuchsen Brunnenkresse, Bitteres Schaumkraut und Wasserminze in unvorstellbarer Üppigkeit. Ich aß ein wenig von der scharfen Kresse, dem bitteren Schaumkraut und der Wasserminze, und ich stellte mir vor, dass dieses Wasser aus der Tiefe der eiszeitlichen Grundmoräne irgendwann in

die Nordsee fließen würde, zusammen mit dem kontaminierten Oberflächenwasser der Maisäcker.

Die Minze kann über Blätter und Stängel ihr Aroma an das Wasser in ihrer Umgebung abgeben, vorausgesetzt, es ist nicht faulig, sie kann es auch, ähnlich wie der Kalmus, sauber halten, nicht nur, wenn sie an einer Quelle wächst. Sie bildet Ausläufer unter dem Wasser und über dem Wasser, und einen Zweig abzubrechen, das geht gar nicht, dann hat man oft gleich die Wurzel mit in der Hand. Die hellvioletten duftenden Lippenblüten an ihren Stängeln drängeln sich als Scheinquirle

Scheinquirliger Teilblütenstand mit Kelch, Kronen und Staubblättern

Gezähntes Blatt

Kelchblatt mit Klausenfrüchten

zusammen wie ein einziges, rundes Blütenköpfchen. Es sind Kleine Trichterblumen, auf deren Grund die Nektardrüse sitzt, gut erreichbar von kurzrüsseligen Insekten. Und wenn es dann später reife Samen gibt, werden sie vom Wasser weitertransportiert.

Sämtliche Minzen kreuzen sich untereinander nach Belieben, und was dabei herauskommt, kann man schmecken oder riechen, aber nicht bestimmen, so viele Varietäten gibt es. Botanisch werden die Kreuzungen als Hybriden bezeichnet. Von dem Benediktiner und Botaniker Walafried Strabo sind aus dem 9. Jahrhundert die Worte überliefert, dass der, der alle Kräfte, Arten und Namen der Minzen nennen kann, ebenso gut sagen könnte, wie viel Fische im Roten Meer schwimmen. Und heute? Wie viel Fische gibt es noch im Roten Meer? Und wie viel Arten der Minze mögen noch dazugekommen sein? Oder ist es so, dass viele Minzen inzwischen wieder verschwunden, also ausgestorben sind?

Die wild wachsende Wasserminze hat wenig oder gar keine Nachbarinnen ihrer Art, die Gartenminzen sind sehr entfernte Verwandte, doch Ende des 17. Jahrhunderts soll es in einem englischen Apothekergarten geschehen sein, dass Mentha aquatica und Mentha spicata (die ährenförmige Minze) sich gekreuzt haben, daraus entstand Mentha x piperita, die Pfefferminze mit ihrem starken Mentholgehalt, der den typischen Pfefferminzgeschmack ergibt. Vermutlich waren die beiden Elternminzen die einzigen Minzen im Apothekergarten, denn ohne den heutigen Stand der Wissenschaft konnte die Abstammung noch gar nicht bestimmt werden.

Wer je in Versuchung gewesen sein sollte, eine Wasserminze irgendwo auszubuddeln (ja, das darf man, sie ist nicht geschützt,), um sie an den heimischen Teich zu setzen, damit sich dort die Biodiversität des Gartens steigere, der oder die lasse sich nicht ins Bockshorn jagen von dem alten Gärtnerspruch: «Wenn du eine Minze gepflanzt hast, musst du Reißaus nehmen.» Das ist die reine Wahrheit, was den Ausbreitungsdrang aller Minzen betrifft, doch genau der empfiehlt sich für die Teichbepflanzung mit diesem duftenden Wildkraut. Mentha aquatica treibt unentwegt Ausläufer, sie begrünt hässliche Teichfolien, und mit ihren Röhrenblüten kann sie viele Insekten ernähren, von denen ab und zu eines auch einem Frosch zum Opfer fällt, der im Teich unter den Schwertern der gelben Iris und dem duftenden Kalmus auf Beute lauert.

Ich denke, Walafried Strabo hat die Wasserminze gekannt, weil er sich intensiv mit Minzen beschäftigt hat. Würde er heute, 1200 Jahre später leben, vielleicht hätte er angesichts der weltweiten Krisen uns Menschen einen alkoholischen Auszug für Herz und Nerven empfohlen, dazu einen Tee aus frischen Blättern von Mentha aquatica, krampflösend, beruhigend und magenfreundlich.

· Am Wasser ·

Rundblättriger Sonnentau

....
Rundblättriger Sonnentau – *Drosera rotundifolia*,
aus der Familie der Sonnentaugewächse, geschützt
....

Torfmoose haben das Moor geschaffen, indem sie in während der Eiszeiten entstandenen, oft wassergefüllten Senken wuchsen und zehntausend Jahre lang den Torfkörper aufbauten. Torfmoose, Sphagnum fallax, sind wurzellose, unten absterbende und oben stetig wachsende Pflanzen mit winzigen Stämmchen. Die «Blätter» bestehen aus zwei unterschiedlichen Zellen, den chlorophyllführenden und denen, die Wasser kapillar hochheben können, eine gewaltige Hubarbeit für so eine kleine Pflanze. In Dürreperioden verdunstet das Wasser in den Zellen, sie füllen sich mit Luft, die grüne Farbe des Mooses wird zu einem Bleichgrün, aber wenn es wieder regnet, speichern die Zellen erneut das Wasser. Wo Torfmoos wächst, versauert es seine Umgebung, der PH-Wert sinkt, es erstickt fast alle anderen Pflanzen.

Der Rundblättrige Sonnentau jedoch kann, wenn er im Torfmoos steht und zu ersticken droht, seine Wurzelstöcke nach oben austreiben und dort eine neue Blattrosette bilden. Er braucht dafür volle Sonne und eine hohe Luftfeuchtigkeit, damit seine Blätter die Fotosynthese nutzen können, die Umwandlung von Lichtenergie in chemische Energie. Die zehn Millimeter großen runden, oberseitig rötlichen Blätter des Sonnentaus sitzen an ebenso rötlichen dünnen Stängeln, manchmal sind sie ein bißchen aufgerichtet, meistens liegen sie auf dem Moorboden. Ringsum an den Blatträndern tragen sie dicht aneinandergedrängt rote Tentakeln, feine wimpernähnliche Drüsenhaare, an deren oberem Ende ein Leimpfropf sitzt, der «Tautropfen», Namensgeber der Pflanze.

«Es ist ein Kräutlein, das nicht nur ein Wunder ist, sondern auch Wunder tut, das macht, es blüht im August, wenn die Sonne im Löwen steht. (...) Die Astrologen halten es gar hoch und wissen noch manches Geheimnis vom Kräutlein», schrieb im 18. Jahrhundert ein Gelehrter. Das Wunderkräutlein Sonnentau galt als von Gott besonders bevorzugt, denn nicht einmal an heißesten Sommertagen wollen die glitzernden Tropfen verdunsten. Wegen dieser innigen Beziehung zur Sonne glaubten Alchimisten, aus den Tropfen einen Trank zur Verlängerung des Lebens destillieren und Gold herstellen zu können.

Dann ließ sich Albrecht Wilhelm Roth, Arzt und Botaniker aus Oldenburg, in Vegesack an der Weser nieder, heute ein Stadtteil von Bremen. Das große Bremische Moor lag praktisch vor seiner Haustür, da ist ihm der Sonnentau bei seinen Exkursionen wohl so häufig begegnet, dass er sich näher mit ihm beschäftigte. 1779 beschrieb er als Erster das Vermögen der Pflanze, Insekten einzufangen, er hatte den Reizmechanismus der Blätter erkannt. 1788 veröffentlichte er seine Beobachtungen in einem mehrbändigen Werk mit dem Titel «Tentamen Florae Germanicae», Versuch über die Pflanzen Germaniens. Und um 1860, fast achtzig Jahre später, erforschte ein berühmter Mann namens Charles Robert Darwin auf der Heide im britischen Sussex den Rundblättrigen Sonnentau. Darwin wies schon all das nach, was heute bekannt ist: Der Sonnentau ist ein Karnivore, eine fleischfressende Pflanze. Mit seinen klebrigen Tropfen kann er Insekten fangen, sie verdauen und sich deren Nährstoffe einverleiben.

Auch ohne diese zusätzliche Eiweißnahrung überlebt der Sonnentau auf nassen nährstoffarmen Böden, doch seine Beute verschafft ihm einen Energievorteil in der Konkurrenz mit anderen Moorpflanzen. Der Tautropfen ist eine Falle für kleine Insekten, die ihn vermutlich für Nektar halten. Klebt ein Insekt an ihm fest und versucht, sich zu befreien, reagieren all

Winterfeste Fruchtkapseln

Samen

die anderen Drüsenhaare auf den (chemischen) Reiz und beugen sich zum Insekt hin, auch das Blatt rollt sich zusammen und hält so das Opfer fest. Im klebrigen Tropfen befindet sich Ameisensäure, die tierisches Eiweiß lösen und Verdauungssäfte absondern kann. Die Drüsen saugen das dann flüssige Insekt auf, lassen Chitin oder andere Reste vom Wind forttragen, und nach ein paar Tagen recken sie ihre Tentakeln mit den gefährlichen Tropfen wieder nach oben, bereit für neue Beute.

Wenn der Sonnentau zwischen Juni und August weiß blüht, in einer eher unscheinbaren Scheintraube mit vier kleinen rundlichen Blumenblättern, dann ist der Blütenstängel gerade so hoch, dass Fliegen oder Mücken nicht versehentlich in der klebrigen Falle landen, statt die Blüte zu bestäuben. Die kleinen Samen spielen in der Verbreitung des Sonnentaus allerdings keine große Rolle, die geschieht eher vegetativ durch Brutknospen an den Blättern.

Große Moorflächen wurden und werden immer noch ausgebeutet für die Anzucht von saisonalen Wegwerfblumen oder als Füllmaterial für Blumenerden. Nach dem Zweiten Weltkrieg geschlossene langjährige Abbaulizenzen erlauben bis heute den Torfabbau, eine äußerst folgenreiche Ressourcenvernichtung. Zehntausend Jahre lang wuchsen die Moore Millimeter für Millimeter in die Höhe, im mächtigen Torfkörper sind gewaltige Mengen CO_2 gespeichert. Durch die fortdauernde Abtorfung wird es nun freigesetzt. Das weiß man schon länger und versucht dem durch Renaturierung und Wiedervernässung gegenzusteuern, doch die Versuche zeitigen bisher wenig Erfolg. Das Moor wächst nicht mehr, die Kli-

maveränderung mit den einhergehenden Dürreperioden und der sinkende Grundwasserspiegel lassen Moorreste nur ergrünen und verbuschen. Das Moor hat seine Schuldigkeit getan, das Moor kann gehen. Und der Sonnentau, diese einmalige Pflanze, verliert seine letzten Biotope.

Auch ich habe das große Bremische Moor, seit Albrecht Wilhelm Roths Exkursionen längst besiedelt und kultiviert und immer noch von industrieller Abtorfung bedroht, vor meiner Haustür. Einen Sonnentau dort zu entdecken, das ist heute so schwierig, wie die Nadel im Heuhaufen zu finden.

· Am Weg ·

Das Althochdeutsche *weg* hat die indogermanische Wurzel *uegh*, sich bewegen, geht man weg, entfernt man sich von einem Ort. Ein Weg ist immer eine Verbindung zwischen zwei Punkten. Es gibt Sandwege, Kreuzwege, Rückwege, und vom rechten Weg abkommen, das geht auch trotz oder wegen des Navigationssystems in jedem Mobiltelefon ziemlich schnell, wenn es kein Update hatte. Wege sind oft ein Saum, eine Grenze zwischen zwei unterschiedlichen Bereichen, früher Wegscheid genannt, und der ist manchmal eine Zuflucht aus zwei Biotopen. Wege können Samen speichern, zwischen Wegebelag und Acker oder Rasenfläche, mit ein bisschen Glück können Pflanzen hier keimen, wachsen, blühen und sich versamen.

Von den Weg-Geschichten trägt nur eine Pflanze den Weg in ihrem Namen, die Wegwarte. Die anderen, von denen ich berichte, heißen Acker-Winde, Duftveilchen, Johanniskraut, Klatschmohn, Kornblume, Malve und Reiherschnabel.

· Am Weg ·

Acker-Winde

*Acker-Winde – Convolvulus arvensis,
aus der Familie der Windengewächse*

Meine Beziehung zu Convolvulus arvensis ist eine Hassliebe. Und was ich erzähle, spielt sich in meinem Garten ab, nicht in der sogenannten Natur, wo die wilden Blumen wachsen. Die weiß-rosa blühende Acker-Winde hat meinen großen Rhododendronbusch völlig überwuchert. Zwei Menschen radeln auf der schmalen Straße vor dem Haus vorbei, sie sehen mich nicht.

Sie: «Kuck mal, wie schön hier noch der Rhododendron blüht!»

Er: «Da hast du recht. Und das im Juli.»

Convolvulus arvensis, die «sich am Stängel Windende», so sagt es ihr lateinischer Name. Für die meisten Menschen gilt sie als ein Un-Kraut (anders als ihre überraschende Verwandte, die Süßkartoffel, ebenfalls ein Windengewächs). Ihre Stängel sind schwach, sie kann damit weder Blätter noch Blüten tragen, also hält sie sich am Boden fest oder an etwas, was in die Höhe wächst. Sie rankt in meine Wildhecke, vereinnahmt den Flieder, schleicht in die Clematis, umspinnt den Jasmin, umstrickt die Kamelien, umzingelt die Zuckererbsen, schlängelt ins Bohnengerüst, schlingt in die Rosen und würgt den Feigenbaum, kurz: Sie windet sich um alles, was sie erreichen kann. Bleibt die Acker-Winde am Boden, schiebt sie Meter um Meter oft gleich mehrere Wurzeln nebeneinander unter der Erdkrume entlang und treibt dabei alle paar Zentimeter einen Spross für einen Blütenstängel ins Licht. Reißt man eine Wurzel heraus, bildet sie am Riss neue Sprossen und Stängel, sie wächst, so lange und so weit sie im Vegetationsjahr kommt. All dies macht die Acker-Winde natürlich nur, wenn ich es im Frühjahr nicht geschafft habe, sie an Umwindungen und Unterwanderungen zu hindern. Dann übersehe ich manchmal, dass sie sich mit ihren weißen Wurzeln so tief in die Erde gebohrt hat, als wollte sie es mit der Hölle aufnehmen. Dass ihre Wurzeln bis dort hinabreichen, wurde im Mittelalter tatsächlich geglaubt, das brachte sie auch auf die Rezepturliste der Salbe, die angeblich Hexen das Fliegen möglich machte. In Wahrheit schafft es die Acker-Winde nicht mehr als einen Meter nach unten.

Schon in der Knospe sind ihre Trichterblüten ein Faltenkunstwerk, keine gleicht der anderen. Im Aufblühen leuchten sie weiß mit einem bläulichen Schimmer oder verhalten rosafarben. An einer Ranke blühen immer mehrere, von Juni bis September öffnen sich die Blüten jeweils nur für einen Tag. Sie duften ein wenig fruchtig, vermutlich locken sie damit Insekten an. Unter und um den weiblichen Fruchtknoten herum schimmert es gelb, hier gibt's den Nektar zu holen, der hinter fünf Eingängen so versteckt liegt, dass die Insekten unterwegs dorthin jedes Mal Blütenstaub abstreifen müssen. Dunkle

rote Streifen, Saftmalen ähnlich, durchziehen die fünf zusammengewachsenen Blütenblätter. Alle Bienenarten, manche Käfer und Schmetterlinge fliegen für Pollen und Nektar an; den Schmetterling mit dem Namen Windenschwärmer, ein Nachtfalter, der so täuschend ähnlich wie eine Baumrinde gezeichnet ist, habe ich in der letzten Zeit nicht mehr entdeckt, obwohl er hier als Durchzügler gilt.

Milchbecher oder Butternäpfchen, Engelshemdchen oder Engelsschürzchen werden die Blüten genannt, und weil sie so kostbar wie ein Weinglas aussehen, tragen sie den Namen Mariengläschen. Die Brüder Grimm haben die Legende dazu aufbewahrt, sie kommt aus dem Hessischen:

«Es hatte einmal ein Fuhrmann seinen Karren, der mit Wein beladen war, festgefahren, sodass er ihn trotz aller Mühe nicht wieder losbringen konnte. Nun kam gerade die Muttergottes des Weges daher, und als sie die Not des armen Mannes sah, sprach sie zu ihm: Ich bin müde und durstig, gib mir ein Glas Wein, und ich will dir deinen Wagen frei machen. Gerne, antwortete der Fuhrmann, aber ich habe kein Glas, worin ich dir den Wein reichen könnte. Da brach die Muttergottes ein weißes Blümchen ab, das Feld-Winde heißt und einem Becherlein sehr ähnlich sieht, und reichte es dem Fuhrmann. Er füllte es mit Wein, und die Muttergottes trank ihn, und in dem Augenblicke ward der Wagen frei, und der Fuhrmann konnte weiterfahren. Darum heißt die Blüte der Winde noch heute Muttergottes-Trinkbecher oder Mariengläschen. Und die roten Streifen, die sich darin finden, stammen von dem roten Wein, den Maria daraus getrunken hat.»

· Am Weg ·

Convolvulus arvensis ist eine perfekte Wetterprophetin. Ist's mal an einem Tag kühler als sonst, schützt sie ihre Blüten und faltet sie zusammen; droht Regen, öffnet sie sie erst gar nicht, wird sie aber trotzdem mal von einer schwarzen Wolke überrascht, die kurz vorm Platzen ist, dann macht sie ganz schnell die Schotten dicht, das heißt, die Blütenblätter schließen sich eng zusammen, der Regen perlt ab.

Eine andere Fähigkeit der Acker-Winde ist ihr Verhalten an der Spitze eines wachsenden Triebes. Schlangenähnlich bewegt sie sich auf der Suche nach einem Halt hin und her, mal nach rechts und mal nach links. Innerhalb von nur einer Stunde kann sie einen perfekten Kreis beschreiben, bevor sie an etwas stößt, an dem sie sich dann immer linkswindend emporzudrehen beginnt. Es ist eine schöne Geduldsprobe, ihr dabei zuzuschauen, mit etwas Ruhe kann man die kreisenden Suchbewegungen mit bloßem Auge beobachten. An meinem Stangenbohnengerüst habe ich es erlebt. Zwei grüne Linkswindende, Phaseolus (Bohne) und Convolvulus, bewegten sich stundenlang aufeinander zu, betasteten sich mit ihren Trieben, beharkten, berankten sich, wichen zurück, um sich am Ende doch ineinander zu verschlingen. Die Domestizierte und die Ungezähmte hatten ein Patt hinbekommen. Aber nicht lange. Am nächsten Tag strebte die Acker-Winde mit einem neuen Trieb aus der Verwirrung wieder heraus. Keine Ahnung, wie sie das geschafft hat.

Von ihrer starken Wüchsigkeit erzählen auch die volkstümlichen Namen, Teufelszwirn und Teufelsnähgarn. Meine Liebe gehört dieser Teufelin deshalb, weil sie es in kurzer Zeit

· Am Weg ·

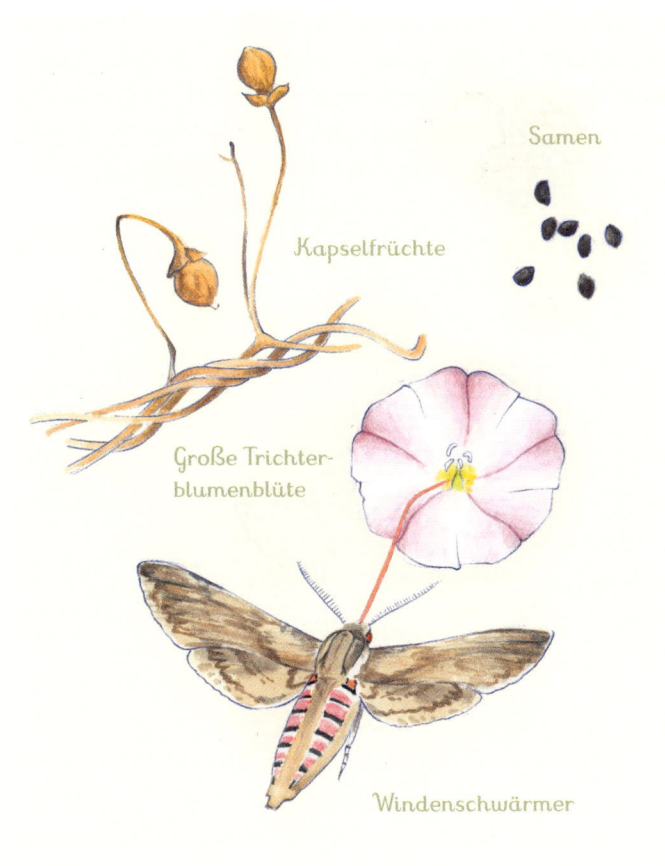

geschafft hat, in einer Ecke meines Gartens einen zwei Meter hohen und vier Meter breiten Haufen aus zerbrochenen Mauersteinen, Dachziegeln und Tontopfscherben komplett einzukleiden. Der überwachsene Schuttberg wurde zu einem Domizil für Kröten und anderem Getier, die hier geschützt überwintern und im Sommer auf Beute lauern, versteckt unter den Ranken. Auf dem Abfall der Zivilisation entstand eine blühende Wildnis, oder so: ein Biotop aus zweiter Hand.

· Am Weg ·

Duftveilchen

Duftveilchen – Viola odorata, aus der Familie der Veilchengewächse

Es ist nur wenige Zentimeter klein, aber mit seinen von März bis April so köstlich duftenden blauen Blüten eine große Schönheit. Seit Jahrtausenden symbolisiert das Veilchen den kommenden Frühling. Eduard Mörike hat im 19. Jahrhundert diese ganz besondere Stimmung beschrieben:

> Frühling läßt sein blaues Band
> wieder flattern durch die Lüfte;
> süße, wohlbekannte Düfte
> streifen ahnungsvoll das Land.
> Veilchen träumen schon,
> wollen balde kommen.
> horch, von fern ein leiser Harfenton!
> Frühling, ja, du bist's,
> dich hab ich vernommen.

In der Antike, im Mittelalter und in der Neuzeit – Viola odorata wurde bedichtet und besungen, gesammelt und gepflückt, gemalt, getrunken und gegessen. Namenlose Kräuterweiber, der Arzt Hippokrates, die Äbtissin Hildegard von Bingen, der Hydrotherapeut Sebastian Kneipp, der Mediziner Edward Bach und viele andere Heilpflanzenkundige bemächtigten sich des Veilchens. Liest man deren Listen für medizinische Anwendungen, so kuriert das Blümchen jede nur erdenkbare Krankheit, einer Zauberpflanze gleich. Vermutlich waren sie alle wie Mörike vom Duft berauscht. Botanisch hat das Veilchen tatsächlich viele gute Inhaltsstoffe aufzuweisen, mit deren Wirksamkeit sich auch die moderne Wissenschaft befasst. Wie bei anderen Heilpflanzen ist eine Selbstverordnung aus Gesundheitsgründen nicht empfehlenswert, denn es kommt immer auch auf den Ort an, wo ein Kraut gesammelt wird.

In der römischen und griechischen Mythologie ist das Veilchen oftmals Ergebnis einer göttlichen Intervention; eine vom Sonnengott Helios verfolgte Schönheit beispielsweise wurde von Zeus in ein Veilchen verwandelt, das sich nun an schattiger Stelle vor dem Sonnenlicht verstecken kann. Vielleicht war das Duftveilchen wirklich die Lieblingspflanze Napoleons, wie oft kolportiert wird; Dürer allerdings malte nicht den berühmten «Veilchenstrauß». Dies ist eine falsche Zuschreibung, durch neue Forschungen konnte sie nachgewiesen werden. Eine andere Art von Fehlzuschreibung stellen das Veilchenparfüm des 19. Jahrhunderts und die in Frankreich berühmten, fast schwarzen Pastillen «Violettes de Toulouse» dar. Sie enthielten und enthalten keinen Extrakt des Duftveilchens, sondern hochkonzentrierte Aromastoffe aus dem Rhizom der weißblühenden Florentinischen Schwertlilie. Ebenso sieht es bei vie-

len weiteren Produkten aus, selten nur wurde Veilchenaroma aus der Pflanze selbst gewonnen. Die «Veilchenwurzel» für zahnende Babys, auch sie ist ein Rhizom der Iris. Kandierte Veilchenblüten hingegen, die sind echt, und sie schmecken köstlich.

Im 19. Jahrhundert wurde das Duftveilchen nicht nur gemütvoll bedichtet, es wurde auch schwer missbraucht, indem man es als «demütig» und «jungfräulich» bezeichnete und ihm somit traditionell «weibliche Tugenden» zuwies. Bei den unter Fünfzigjährigen meiner Freundinnen löste die Erwähnung meiner Recherche für das Duftveilchen nicht viel aus; die älteren kannten fast alle diesen Poesiekitsch und begannen sofort zu deklamieren:

Sei wie das Veilchen im Moose, sittsam, bescheiden und rein,
und nicht wie die stolze Rose, die immer bewundert will sein.

Dieser Reim wurde vor einhundertvierzig Jahren von dreizehn- bis vierzehnjährigen Mädchen in sauberer Kurrentschrift in das «Poesiealbum» meiner Ur-Verwandten Louise geschrieben, alle paar Seiten wiederholte sich der Spruch. Das Veilchen kann nun wirklich nichts dafür.

Der Evolution sei Dank, dass es so schnell nicht ausstirbt. Es treibt viele Ausläufer, Stolonen genannt, die Wurzeln sprießen lassen, aus denen eine neue Pflanze wächst. Mit der Bestäubung hat es eine besondere Bewandtnis. Die Frühlingsblüten des Veilchens, deren fünf kleine violette Blätter spiegelgleich daherkommen, bieten für langrüsselige Insekten wie Bienen und Hummeln wohl Nektar an, aber keinen Pollen, also gibt es keine Samen. Wenn das Veilchen dann im August kleine, unfertig ausgebildete Frucht- oder Kronblätter treibt, die allerdings in der Knospe verborgen bleiben, trägt es Pollen, aber es lockt keine Insekten an. Das Veilchen bestäubt sich selbst, Botaniker nennen das kleistogam, ganz selten kommt es zu einer Fremdbestäubung. Die entstandenen Samen bilden kugelige Kapseln, die durch den Druck des Eintrocknens der Fruchtblätter «weggeschnippt» und dadurch verstreut werden. Die weitere Ausbreitung der Samen übernehmen dann die Ameisen, die sie zusammen mit dem Elaiosom genannten nährstoffreichen Anhängsel in ihre Bauten schleppen, um es abzuknabbern. Manchmal tragen die Ameisen die Reste dann zu einem Haufen, auf dem die Samen keimen. Dann gibt es neue Veilchen, weit abseits der ursprünglichen Pflanze.

Das wilde Duftveilchen hat sie überlebt, die Liebe und die Zumutungen. Es blüht alle Jahre wieder, im Gebüsch, hinter den Scheunen, an Gräben, in den Knicks der Felder, im Schattenbereich der Bauernhäuser, an den Säumen von Wäldern, Wegen, Wiesen und Wassern, und natürlich als Züchtung, als wohlfeiles Veilchen, zu kaufen im Gartenmarkt. Noch steht es nicht auf der Roten Liste.

Den mir liebsten Reim fürs Veilchen hat Theodor Storm geschrieben:

> Die Kinder haben die Veilchen gepflückt,
> all, all, die da blühten am Mühlengraben,
> der Lenz ist da, sie wollen ihn fest
> in ihren kleinen Fäusten haben.

· Am Weg ·

Echtes Johanniskraut

Echtes Johanniskraut – *Hypericum perforatum*,
aus der Familie der Johanniskrautgewächse

Heute ist Johanni, der 24. Juni. Vor zwei Tagen hatte die Sonne den höchsten Himmelsstand des Jahres erreicht. Es ist heiß, die Luft steht, kein Vogel singt, mein Schatten ist unsichtbar, ebenso wie die Schatten der anderen Lebewesen. Am Sandweg blüht hellgelb das Johanniskraut.

Johanniskraut hellt die Seele auf, das hört man immer wieder. Aber stimmt es denn auch? Ja, Hunderte kleine Blüten, so sonnengleich strahlend, lassen mich die Katastrophenerzählungen in den Medien für ein paar Stunden vergessen und meinen Dopaminspiegel steigen. Dafür brauche ich kein ärztlich verordnetes Hyperforin. Hyperforin ist ein Antidepressivum, in dem Stempel und Früchte vom Johanniskraut verarbeitet sind. Seine Inhaltsstoffe, namentlich Isobutyryl-CoA und die Moleküle Malonyl-CoA unter Zuhilfenahme der Isobutyrophenon-Synthase, muss sich ganz bestimmt niemand merken. Johann Hieronymus Kniphof, der wusste im 18. Jahrhundert noch nichts über die Chemie vom Johanniskraut, aber er wusste schon viel über ihre Wirkung: «Hartheu (Kniphof benutzte noch den früher gebräuchlichen Namen) gehört zu den segensreichsten Pflanzen und hilft gegen Schwindel und die fürchterlichen melancholischen Gedanken.» In seinem Buch «Botanica in originali», erschienen 1733 in Erfurt, hat er ein Johanniskraut im Naturselbstdruck verewigt.

Bis zum Knie reichen mir die Johanniskräuter mit ihren dünnen harten Stängeln, daran die vielen Trugdolden mit den gelben Blüten (eine Trugdolde ist übrigens ein Blütenstand, dessen Blüten auf einer Ebene liegen, während die Blütenstiele im Unterschied zur Dolde nicht von einem einzigen Punkt ausgehen). Ich setze mich einfach hinein ins Kraut, ungeachtet irgendwelcher Beißenden, Stechenden oder Saugenden, die im Verborgenen auf mich lauern könnten. Mit meiner mitgebrachten Lupe betrachte ich eine Knospe des Johanniskrauts. Sie ist leicht verdreht, und auf merkwürdige Art scheint sich die Blüte am Stängel darunter ebenso zu verdrehen, ähnlich den Flügeln einer Spielzeugwindmühle am Stock. Die Blüte ist ungefähr so groß wie eine Fünfcentmünze, und jedes von den fünf Blütenblättern ist asymmetrisch, ja, das ist es tatsächlich, denn es trägt nur auf einer Seite Zacken, winzige Zacken. Ich frage mich, welche Bedeutung für die Arterhaltung des Johanniskrauts haben die Zacken? Hat die Evolution sich hier nicht um eine symmetrische Anordnung geschert, die sie sonst meist bevorzugt? Weiterhin erkenne ich noch dunkle, unregelmäßig angeordnete Punkte. Die vielen Staubfäden über dem weiblichen Fruchtknoten stehen schräg in drei kleinen Bündeln, beinah sehen sie aus wie die Holzstäbchen eines Mikadospiels, kurz bevor sie losgelassen werden und durcheinanderfallen.

Ja, durcheinander. An diesem heißen Tag mit der Lupe in der Hand am Sandweg sitzend, habe ich das Gefühl, das fast alles, was ich über Johanniskraut weiß und mir angelesen habe, in meinem Kopf so durcheinanderliegt wie die Mikadostäbchen. Es muss also geordnet werden.

Antike Gelehrte wie Dioskurides und Plinius kannten bereits das Johanniskraut. Es wächst und blüht in mehr als 500 Varianten beinah überall auf der Erde, hat dabei mannigfache Unterschiede in Wuchs, Blüten und Blätter, wurde gartentauglich gezüchtet, doch immer ist seine Blüte sonnengelb geblieben. Nektar produziert das Johanniskraut nicht, doch Hummeln und Wildbienen streifen sich Pollen ab. Oft steht es in großen Kolonien, und es gedeiht auf fast allen Böden, besonders an den Säumen unterschiedlicher Biotope, die nicht intensiv bewirtschaftet werden; es keimt, wo Sandhaufen liegengeblieben sind oder wo Boden zerstört wurde. Vermutlich würde es sich auch im Maisfeld behaupten, wenn das nicht stickstoffüberdüngt und glyphosatgetränkt wäre. Nur in polarer Kälte, im Sumpf und im Moor gibt es keine Bestände, zu kalt, zu nass, zu sauer die Umgebung.

Der lateinische Name Hypericum bedeutet «eine dem Heidekraut ähnelnde Sippe», perforatum bezieht sich auf die durchscheinenden Öldrüsen in den Blättern, die aussehen wie perforiert. Der Geber des deutschen Namens ist Johannes der Täufer. Er taufte Jesus von Nazareth. Johanniskraut heißt auch: Durchlöchertes Johanniskraut oder, wie schon erwähnt, Hartheu, vermutlich, weil die harten Stängel schlecht fürs Viehfutter sind. Andere volkstümliche Namen sind: Unser

· Am Weg ·

Lieben Frauen Bettstroh. Herrgottsblut. Elfenblut. Diese drei Namen beziehen sich auf den roten Stoff Hypericin, der in den Blüten und Blättern steckt, einer der wesentlichen färbenden Bestandteile des Johanniskrauts. «Elfenblut Wunder tut», heißt es im Volksmund.

Lässt man zerdrückte Blüten zwei Monate in Olivenöl ziehen, Mazeration heißt das, erhält man ein leuchtend rotes Öl. Es dient der Schmerzlinderung, trägt zur Wundheilung bei, auch bei Hexenschuss soll es helfen. Wenn hellhäutige, blonde Menschen sich mit dem Öl eingerieben haben, kommt es bisweilen zu allergischen Hautausschlägen, wenn hellfellige Tiere blühendes Johanniskraut gefressen haben, können

sie die «Lichtkrankheit» bekommen, eine ähnliche Reaktion. Hier ist also Vorsicht geboten. In den grünen Blättern befinden sich durchscheinende Öldrüsen, an den Rändern sind die Drüsen schwarz. Das Öl ist ein Antiseptikum, und es galt lange als Aphrodisiakum. Johanniskraut, kreuzweise an die Fenster genagelt, hilft gegen Blitzeinschlag, sagt der Aberglaube, und die Löcher in den Blättern hat der Teufel mit Nadeln gestochen, erbost über die Macht der Pflanze.

Fuga daemonum, noch so ein alter Name, er bedeutet Teufelsflucht, andernorts hieß es Hexenkraut oder Jageteufel. Johanniskraut war in der Vergangenheit immer ein Mittel gegen Hexerei und Zauberei, kurz, gegen mancherlei Widrigkeiten des Lebens. Es ist auch einfach zu schön mit den hellgelben Blüten, den punktierten Blättern und dem roten Saft, als wäre es nur dafür da, die Sonne einzufangen und sich deren Kraft nutzbar zu machen.

Die Samenfrucht sieht aus wie eine Knospe. Tiere schleppen sie in ihrem Fell umher, und auch der Wind nimmt sie mit. Damit sie keimt, wächst und blüht und irgendwann eine Seele aufhellt.

Böses ist mir am Sandweg nicht widerfahren, niemand hat mir aufgelauert. Durch die Intensivlandwirtschaft haben viele Insekten und Krabbeltiere immer mehr an Terrain verloren. Mich hat an diesem Tag nicht mal eine Zecke erwischt, es war wohl allen zu heiß.

· Am Weg ·

Gewöhnlicher Reiherschnabel

>
> Gewöhnlicher Reiherschnabel –
> Erodium cicutarium, aus der Familie der
> Storchschnabelgewächse
>

Ich sah den Gewöhnlichen Reiherschnabel im Juni in einer staubigen Treckerfurche am Rande eines Rapsfeldes, wo er keimte und wuchs, ohne dass ihn jemand störte. Das würde erst während der Rapsernte geschehen. An anderen Orten blühte er manchmal in einem hellen Lila, hier war er rosa. Es gab nur ein paar kleine doldige Blüten mit jeweils fünf Blütenblättern an kurzen Stielen am behaarten Stängel, an einem weiteren reckten sich schon die geschnäbelten Samen. In der heißen Sonne über dem Sandweg waren die gefiederten Blätter von Lichtschutzpigmenten dunkelrot gefärbt worden, und hinter dem kleinen Reiherschnabel stand das überwältigend gelbe Panorama der Rapsblüte. Ringsum gab es nichts weiter als süßen Nektarduft und das Summen der Honigbienen, deren Beuten nicht weit entfernt standen. Im September würde der Schnabel des Reihers überrollt werden von dicken Treckerreifen, niemand würde es bemerken, niemand ihn vermissen. Seine Größe beträgt ja nur zehn Zentimeter. Doch im Herbst und im Winter würden die Blätter, vielleicht nur etwas plattgedrückt, als grün-rot gefiederte Rosette auf dem Boden liegen. Diese Rosette des Reiherschnabels ist so symmetrisch, als hätte sie einer mit dem Zirkel gezeichnet. Sie erinnert mich an runde, bleigefasste Kirchenfenster, bei denen die Künstler ja oft Pflanzen zum Vorbild hatten. Aber der Reiherschnabel ist eine so unscheinbare, gewöhnliche Pflanze, er wird kaum beachtet, ist keine Blume für die Nase und keine für die Vase, kaum der Rede wert, nicht mal einen Aberglauben fand ich über ihn, zumindest nicht in meinen Büchern, doch er hat eine pfiffige Art, sich fortzupflanzen, und er wächst fast überall auf der Welt.

Seinen botanischen Namen Erodios hat er aus dem Griechischen bekommen, so heißt der Reiher dort, cicutarium ist eine vorlinnésche Bezeichnung für cicuta, Schierling, weil Reiherschnabel und Schierling die gefiederte Blattform gemeinsam haben.

Doch zunächst die Blüten: Von April bis September erscheinen sie immer wieder neu, sie sind einen halben Zentimeter groß und blühen nur ein paar Stunden. Am Fruchtknoten, dem weiblichen Organ der Blüte, tragen die fünf Blütenblätter jeweils ein Büschel Haare, die verdecken die Honigdrüsen am Ende der männlichen Staubblätter. Dadurch ist es für Insekten unmöglich, von unten zu saugen, sie können also keinen Honig rauben, ohne zu bestäuben. Ist die Blüte bestäubt, verlängert sich jedes der weiblichen fünf Blüten- oder Fruchtblätter, oft sind es bis zu vier Zentimeter, zusammen mit dem Samen zu einer etwas gebogenen Granne, die tatsächlich aussieht wie

ein langer Schnabel. Ob Reiher, Storch oder Kranich, in fast allen volkstümlichen Bezeichnungen des Gewöhnlichen Reiherschnabels ist das Wort Schnabel enthalten. Und so, wie die

Kleine Trichterblumenblüten

Fruchtschnäbel

Bohr - und kriechfähige geschraubelte Grannen

Vögel ihren Schnabel einsetzen, um etwas aus dem Boden zu hacken, so kann der Fruchtschnabel, die Granne, mit dem Samen in den Boden eindringen, und das geht so vor sich:

In der Sommerwärme rollt sich die nun ausgetrocknete Granne mit dem Samen wie ein Korkenzieher auf, spaltet sich von der Pflanze ab und wird davongeschleudert. Wenn die Granne dann auf feuchten Boden fällt, oder vielleicht ein Regentropfen sie trifft, dehnt sie sich wieder aus und bohrt sich durch den Druck in die Erde, wo die Samen keimen können. Die Granne kann sich ebenso in das Fell eines Hasen, einer Maus oder eines Rehs einbohren, sie kann sogar wie eine Raupe über den Boden kriechen, sich aufrollen bei Trockenheit und sich strecken bei Nässe. Die Veränderung durch Feuchtigkeit erfolgt so zuverlässig, dass man im Mittelalter diese hygroskopischen, das heißt wasseranziehenden Grannen des Reiherschnabels zur Bestimmung der Luftfeuchtigkeit benutzt hat.

Doch nichts in der Treckerspur auf dem Sandweg am Rapsfeld deutete im Juni darauf hin, dass diese unscheinbare Pflanze ihresgleichen sucht, ein leicht zu übersehendes kleines Naturwunder.

· Am Weg ·

Kornblume

Kornblume – *Cyanus segetum* HILL oder
Centaurea cyanus, aus der Familie der Korbblütler

Ich habe mir vor sieben Jahren einmal Kornblumen am Feldrand gepflückt und dann den Strauß vor die Haustür gestellt. Im darauffolgenden Jahr: überall blaue Blüten! Ohne dass mir das Keimen und Wachsen der Pflanze so richtig aufgefallen war. Seitdem habe ich sie jedes Jahr neben der Haustür, manchmal reifen sogar diesjährige Samen zu einer niedrigen Pflanze, die dann im November noch eine kleine blaue Blüte hervorbringt. Wer diese Feldblumen immer wieder angeschaut hat, der kennt die Farbveränderung innerhalb von ein paar Tagen vom blauen zum weißen Blütenköpfchen, sie bleichen und sehen dann aus wie Blumengreise.

Aus diesem Grund stehen Kornblumen negativ für Wankelmut und positiv für Veränderbarkeit, denn was heute die Emojis sind, war früher die Blumensprache. Eine überreichte Kornblume drückte aus: «Ich gebe die Hoffnung nicht auf.» Auf die Liebe? Die Genesung? Den Spaziergang am Bach?

Die Kornblume kommt nicht von hier, ist aber schon vor sehr langer Zeit eingewandert, wohl zusammen mit dem Ge-

treideanbau, der Ursprung liegt in den östlichen Mittelmeerländern. Es gibt sie überall in Europa und in den westlichen Ländern Eurasiens. Sie gehört zur Segetalflora, das sind alle wilden Pflanzen der Ackerunkrautgesellschaft, die zwischen Kulturpflanzen wachsen. Und dort ist die Kornblume ein Bioindikator, eine Pflanze, die sehr sensibel auf Veränderungen reagiert.

Cyanus, das ist lateinisch und heißt blau, segetum, das ist die Saat, die sie ja auch im deutschen Namen trägt, die Kornblume gehört zur «Unkrautflora» auf Getreidefeldern. Centaurea kommt von Kentaur, denn von dem Kentaur Chiron wird berichtet, dass er mit einer zerdrückten Blüte der Kornblume die Wunde am Fuß des Achilles heilte.

In einem Lexikon aus dem Jahr 1746 steht: «Cyanus, das Kraut hat eckigte Stengel, mit graulichen zerkerbten Blättern: auf den Spitzen der Stengel zeigen sich die schuppigten Knöpffe, daraus die Blumen hervor wachsen, deren Farbe mancherley blau, weiß, röthlicht, braun auch bunt. Der Saamen steckt in den Knöpffen in einer wolligten Materie. Die blauen Blumen von diesem Gewächse werden in den Apotheken gebrauchet.»

Ja, tatsächlich. Die Kornblume ist nirgendwo giftig, und essen darf man die Blüten auch, man kann sie beispielsweise dekorativ auf den Salat streuen. Sie war mal ein Allheilmittel, auch bei schweren Erkrankungen. Heute wird ein Blütenaufguss noch bei Bronchialerkrankungen und leichten Augenentzündungen angewendet. In Frankreich heißt die Kornblume deshalb schön anschaulich «casse-lunettes», Brillenbrecher.

Und ein Spruch beim Tanz ums Johannisfeuer mit der Kornblume in der Hand lautete: «Stärk mir meine Augenlider, dass ich dich aufs Jahr seh wieder.»

Die Kornblume keimt und wächst auf magerstem Boden, das hat sie mit der Margerite, der Kamille und dem Klatschmohn gemeinsam. In einem alten Biologiebuch wird sie zwar zuerst als gemeines Ackerunkraut (heute würde man ökologisch korrekter Beikraut sagen) beschrieben, doch dann folgt ein Begeisterungsausbruch: «... gar zu herrlich leuchten ihre prächtig blauen Blütenköpfe zwischen den schlanken Halmen des wogenden Kornfelds hervor.»

Das war einmal, das wogende Kornfeld. Inzwischen sind die Halme kurz gezüchtet worden, Stroh als Einstreu für das Vieh wird kaum noch benötigt. Und Saatgut ist nur noch selten

Samen mit Borsten

Körbchenblumenstand mit Samen

mit gemeinen Ackerunkräutern kontaminiert. Wenn die einjährige Kornblume es aber doch auf den Acker ins Kornfeld geschafft hat und den Herbizidspritzungen entkommen ist, dann versamt sie sich zuverlässig für viele Jahre am Rand des Ackers.

Das blaue Blütenköpfchen der Kornblume besteht aus ungefähr dreißig Röhrenblüten. Diese sind zygomorph, haben also spiegelgleiche Seiten und sind am oberen Rand meistens fünflappig eingeschnitten. Die gut zwei Zentimeter großen und etwas bizarren, ja, fast lustig aussehenden Rand- oder Schaublüten sind steril und nur dazu da, die Insekten zum Bestäuben anzulocken. Sie fluoreszieren im UV-Licht, für uns ist dieses herrliche Blau so leider nicht sichtbar. Fast könnte man meinen, die Kerbtiere kämen aus rein ästhetischen Gründen auf die Kornblume geflogen. Die kleinen fertilen, also die fruchtbaren Röhrenblüten sind höchstens 1,5 Zentimeter groß. Geflogen kommen (oder kamen?) Schwebfliegen, Tagfalter und Hautflügler, also Wespen und Bienen. Die Bienen fliegen meistens so gegen elf Uhr Sommerzeit auf meine blühenden Haustürkornblumen, ich nenne sie daher die Zeit-für-einen-Espresso-Bienen. Sind Bienenstöcke in der Nähe, tragen sie den Nektar zur Sommertracht hinzu, er hat einen hohen Zuckeranteil, 34 Prozent, ja, geschleudert wird mancherorts sogar sortenreiner Kornblumenhonig.

Im 19. Jahrhundert gab es einen regelrechten Kornblumenkult. Kaiser Wilhelm der Erste nannte sie die preußisch blaue Blume, blau wie die Uniformen seiner Soldaten. Der «Volksbund für das Deutschtum im Ausland» erklärte 1933 die Kornblume zu seinem Symbol, sie ist es noch heute für den «Verein für Deutsche Kulturbeziehungen im Ausland», auch sonst trägt so manch ein völkisch Gesinnter sie im Knopfloch. Diese Vereinnahmung der Kornblume tut weh. Sie kann doch nichts dafür, die Schöne vom Wegesrand am Getreidefeld.

· Am Weg ·

Wilde Malve

*Wilde Malve – Malva sylvestris, aus
der Familie der Malvengewächse*

Schier muss es sein, sagen die Norddeutschen, wenn sie aufräumen. Auch die Natur soll schier sein, deswegen räumt man draußen gleichfalls auf. Vermutlich mit einer Motorsense und ganz bestimmt aus Unkenntnis wurden im August eine Nachtkerze, einige Wilde Möhren, etliche verblühte Johanniskräuter, mehrere Pflanzen Rainfarn, viele Beifußkräuter, unzählige Acker-Winden und fünf Wilde Malven zerkleinert. Sie alle wuchsen in einer vielleicht vier Quadratmeter großen Ecke neben den Papier- und Glascontainern am Dorfrand. Gut, was bereits verblüht war, wird sich aussäen, aber die jetzt erst aufblühenden Pflanzen wie die Wilde Malve haben in diesem Jahr keine Chance mehr. Sogar ein kleiner Haselbusch hatte es zwischen das Kraut geschafft und wurde mit abgeräumt. War es ein Eichhörnchen, ein Vogel, der ihn als Nuss gebracht hatte? Viele Jahre schon hatte es mich gefreut, wie zuverlässig die Wildblumen in jedem Jahr die schmuddelige Ecke vereinnahmten und verschwenderisch blühten; manchmal hatten Falter über ihnen geflattert, ich hatte die

großäugig rot auf schwarz gezeichnete Gemeine Feuerwanze und flinke Ohrenkneifer krabbeln sehen. Sie alle störten dort an den Containern keinen, nahmen niemandem den Platz weg, waren weder invasive Einwanderer, noch giftig für Huf- oder Pfotentiere, und sie machten keinen Lärm. Nirgendwo in der Umgebung hatte ich in den vergangenen Jahren die Wilde Malve in einem Garten oder am Weg gesehen. Wer neben Abfallcontainern lebt, der gehört offensichtlich nicht in den Garten. Ich sammelte trotzdem ihre Samen und steckte sie in alle möglichen Taschen meiner Kleidung, aus denen ich sie an alle möglichen Stellen in meiner Umgebung warf, immer in der Hoffnung, sie würden keimen und die schöne Malva sylvestris hervorbringen. Nein, sie steht auf keiner Roten Liste, sie ist allerdings Bestandteil mancher Samenmischungen für schmale Blühstreifen, die die Landwirte gegen Bezahlung an ihren Äckern aussäen. Mit Glück blühte die eher zweijährige Malve dort zwischen einjährigen Pflanzen wie der blauen Phazelia oder der gelben Sonnenblume. Nur, und das ist allgemein bekannt, diese oft prächtigen Blühstreifen tragen kaum zur Biodiversität bei. Klar, es flattern und fliegen Insekten darüber, holen sich Pollen und Nektar, nur sind die Streifen im Landbau nicht vernetzt und haben nach einem Sommer Blühzeit keine nachhaltige Wirkung. So ein Blühstreifen wird im Herbst ordentlich umgepflügt und im nächsten Jahr wieder mit einer Nutzpflanze beackert. Ein neuer Blühstreifen entsteht an einer anderen Stelle, wenn überhaupt, am vorjährigen Standort bleibt nichts zurück, auch nicht die Pfahlwurzel der meist zweijährigen Malve, die wird beim Pflügen zerfetzt.

· Am Weg ·

Als Kind nannte ich die Samen der Wilden Malve Puppenkäse, denn sie sehen aus wie winzige Käselaibe. Den volkstümlichen Namen Käspappel kannte ich nicht, mit der Pappel als Baum hat er nichts gemein.

Regen hilft mit, die kleinen, so seltsam aussehenden Teilfrüchte der Samen zu verbreiten. Was aber, wenn es immer trockener wird? Offensichtlich passt die Wilde Malve sich klimatisch gut an. Sie wächst überall in Europa, im Osten und im Westen, im Norden und im Süden, es gibt sie in Asien und Nordafrika.

Seit einiger Zeit haben sie meinen Garten erobert. Ich hatte die Malven in den letzten Jahren auf dem für wilde Neuankömmlinge reservierten Sandbeet ausgesät. Sie machten sich

Kelch mit unreifer Frucht

Reife Frucht mit Nüsschensamen

selbständig und stehen jetzt in der Reihe der Möhren, zwischen den Zuckererbsen, auf den Erdbeerranken, in den Fugen der Ziegelsteine des Weges, also überall dort, wo sie nicht stehen sollen. Die Wilde Malve keimt, schiebt ihre Pfahlwurzel in den Boden, und eh man sich's versieht, hat sie schon Blätter und Knospen. Wo sie allein steht, bleibt sie klein, wo sie zwischen anderen Pflanzen steht, wächst sie hoch hinaus. Graziös sieht sie aus, wie sie ihre knallig grünen, efeuähnlichen Blätter ausstreckt und wie sie dazwischen die hellrotvioletten Blüten mit den fünf Kronblättern platziert, die mich an runde Katzenohren erinnern, so, wie Kinder sie zeichnen. Im Gegenlicht zeigen sich drei bis fünf dunkelviolette Strichsaftmale mit fein verzweigten Ästen in den Blütenblättern, keines gleicht dem anderen. Wie auch bei anderen Pflanzen ist eine Lupe hilfreich, um Geheimnisse aufzudecken. Die Blüte ist ein Zwitterwesen, zuerst gibt es eine männliche, dann eine weibliche Blütenphase. Wie ein kleiner Baum mit einer wunderschönen zarten Krone sehen die Staubbeutel in der männlichen Phase aus, in der weiblichen Phase werden sie von den rotvioletten Griffeln überragt. Hier tummeln sich Hummeln, morgens sind sie die Ersten und abends die Letzten, die Nektar holen und die Narben mit Pollen bestäuben, die sie vorher von einer anderen Pflanze mitgebracht haben. Die Malve ist nicht nur eine wichtige Raupenfutterpflanze, es gibt auch Insekten, die gern in den Blüten schlafen.

Was ich selbst schon zubereitet habe, ist ein Tee aus Blättern und Blüten. Beide enthalten Schleimstoffe, die bei Husten und Halsschmerzen beruhigend wirken. Essen kann man Blüten und Blätter auch. Sie geben jedem grünen Salat den optischen Pfiff.

Die Bayerische Landesanstalt für Wein- und Gartenbau in Veitshöchheim untersucht Wildpflanzen auf ihre Eignung zur Biogasgewinnung, um langfristig von der Monokultur Mais wegzukommen. Unter anderem sind es Wilde Malve, Beifuß und Rainfarn. Die aus der Containerecke gehören also dazu. Vielleicht werden damit auch ein paar Insekten vorm Aussterben gerettet, wenn die Kräuter und Blumen auf großen Äckern blühen dürfen.

· Am Weg ·

Klatschmohn

Klatschmohn – Papaver rhoeas, aus
der Familie der Mohngewächse

Als Kind habe ich mit meinen Freundinnen die zerknitterten roten Blütenblätter des Mohns auf den Ring zwischen Daumen und Zeigefinger gelegt, dann zusammengefaltet und daraufgeschlagen, bis es klatschte. Wer es fünfmal hintereinander schaffte, so einen schallenden Klatsch zu erzeugen, war Siegerin. Dass wir dabei die Blüten kaputt gemacht haben, ohne darüber nachzudenken – geschenkt, es gab ja so viele am Ackerrand. Auch die Samenkapsel mit dem Pagodendach war etwas Besonderes, mit ihr konnte man es rascheln lassen. Der weibliche Fruchtknoten mit dem Stempel hat kleine Blätter, die miteinander verwachsen sind und in der Fruchthöhle sitzen, in der sich auch die winzigen Samen befinden. Im Dach ihres Gefängnisses gibt es ebenso winzige Löcher, die Samenkapsel sieht daher von nahem betrachtet aus wie ein Salzstreuer. Sie kann die kleinen schwarzen Körnchen weit verstreuen, sie braucht dafür nur den Wind, und wenn der mal nicht weht – dann müssen eben Kinder mit der Kapsel rascheln. Ob sie das heute noch tun?

· Am Weg ·

Den Mohn als Kulturbegleiter gibt es seit etwa 7000 Jahren, seit der Jungsteinzeit, Pollenanalyse macht die Bestimmung möglich. Vermutet wird, dass die Blume aus Nordafrika oder Eurasien zusammen mit dem Ackerbau nach Europa eingewandert ist. Es ist die Zeit, als die bis dahin nomadisch lebenden Menschen mit dem systematischen Bestellen von Land begannen und zunächst für ein paar Jahre siedelten, bis der Boden ausgelaugt war.

Samenkapsel mit Pagodendach

· Am Weg ·

Heute ist der Mohn auf Getreidefeldern nur noch selten anzutreffen. Doch seine unzähligen Samen sorgen dafür, dass er oft unvermutet auf Brachen oder dem Bodenaushub dörflicher Neubausiedlungen auftaucht, zusammen mit anderen Pionierpflanzen. Die Samen sind Lichtkeimer, auf gestörtem Boden breiten sich die Pflanzen schnell aus, und von Mai bis Juli öffnen sich dann die schönen Blüten. Mit seiner Pfahlwurzel saugt der Mohn das Wasser tief aus dem Boden. Stiel und Blätter sind überall haarig, dies verhindert ein zu starkes Austrocknen und vielleicht auch das Gefressenwerden, gegen das auch der bittere Milchsaft schützt. Die langovalen schmalen Knospen aus zwei grünen, ebenfalls behaarten Kelchblättern wachsen zusammen mit der Blüte, bis sie aufspringen. Dann fallen die grünen Blätter ab, und vier herrlich zerknitterte purpurrote Kronblätter entfalten sich, an deren Grund ein schwarzer, manchmal weiß umrandeter Saftmalfleck zu sehen ist. Bienen können die rote Farbe nicht sehen, es ist das UV-Licht, worauf sie fliegen, für sie ist das Rot ein Blau-Violett. Die Blüte verwelkt schon nach ein paar Tagen, doch vorher waren hoffentlich schon frühmorgens ein paar Bienen zum Pollenholen da. So eine Mohnblüte kann mehr als zwei Millionen davon hervorbringen, für eine Biene lohnt sich die Landung also. Nektar ist hier allerdings nicht zu haben, keine Mohnblüte produziert ihn, Duft verströmt sie auch nicht. Die Blütenblätter sollen, als Tee genossen, eine schlaffördernde Wirkung haben, allerdings ist das wegen der schwachen Giftigkeit der ganzen Pflanze nicht empfehlenswert. Auch die Samen sind für den Verzehr nicht geeignet. Der Mohn für den Kuchen stammt von Papaver

somniferum, dem Schlafmohn, der vorwiegend in Südosteuropa angebaut wird und dessen getrockneter bitterer Milchsaft die Droge Opium liefert.

Wie um so viele andere Pflanzen, die den Menschen begleiten, ranken sich zahllose Mythen und Glaubensvorstellungen um den Mohn. Das Rot der Blüte als Liebesglück, das Schwarz am Fruchtknoten als Liebesleid, geradeso, wie es passt. So viel Knallen oder Klatschen hintereinander erzeugt wird, so viel Küsse gibt es von der oder dem Auserwählten. Mancherorts hält man den Klatschmohn für blitzanziehend, an ebenso vielen Orten für blitzabweisend. So in Belgien, im wallonischen Teil, dort heißt der Mohn Fleur du toni, das ist die Donnerblume, unters Dach gelegt soll sie den Blitz fernhalten.

Als Blume des Gedenkens wurde der Klatschmohn nach den Schlachtorgien des Ersten Weltkriegs für immer in die Geschichte Europas verpflanzt, ein eher trauriger Ruhm dieser schönen Blume. Der Kanadier John McCrae schrieb ein Gedicht, nachdem sein Freund in der Zweiten Flandernschlacht von einer Granate getötet worden war. McCrae sah, wie auf den Gräbern bald überall der rote Mohn blühte, und dichtete: «Auf den Feldern von Flandern verweht der Mohn zwischen den Kreuzen, Reihe an Reihe, dort, wo wir liegen. Mitten im Gefecht singen die Lerchen am Himmel ...»

Durch das bald sehr populäre Gedicht wurde der rote Mohn zum Symbol für das vergossene Blut der toten Soldaten. In englischsprachigen Ländern gibt es bis heute einen Gedenktag, es ist der 11. November, Poppy-Day, Mohnblumentag.

Gewöhnliche Wegwarte

....
Gewöhnliche Wegwarte – *Cichorium intybus*, aus der Familie der Korbblütler
....

Ein armes Mädchen weinte sieben Jahre um ihren in der Schlacht gefallenen Verlobten. Als ein anderer sie freien wollte, wies sie ihn ab.

«Eh, als ich lass das Weinen stehn,
will ich lieber auf die Wegscheid gehn;
ein Feldblum dort zu werden.»

In der zarten Blüte der Wegwarte scheint sich schon frühmorgens der wolkenlose Sommerhimmel zu spiegeln. Das runde Köpfchen, die zweireihigen Zungenblüten, Fruchtknoten, Griffel und Narbe der Feldblume, alle sind sie blau. Doch pünktlich am Mittag, zwölf Uhr, klappt die Schöne die äußeren Hüllblätter ihrer Köpfchen zu und steht nur noch als struppige Pflanze mit gezähnten Blättern unscheinbar am Wegesrand. Bis zum nächsten Morgen um sechs, dann öffnet sie sich wieder, und das Spiel wiederholt sich in der Blütezeit von Juli bis September an jedem Tag.

Unzählige Sagen und Mythen reihen sich um die Wartende am Wege, die auch die blaue Blume der Romantik gewesen sein

könnte. Mal ist sie eine Prinzessin, ihres Favoriten harrend, der auf dem Kreuzzug ins Heilige Land unterwegs ist; mal ist sie eine Magd, die gern einen Burschen hätte, der sie vom Warten erlöst und heiratet. Es gibt sie auch als Ehebrecherin, die auf ihren heimlichen Geliebten lauert und deshalb zur Strafe für alle Ewigkeit fest in der Erde verwurzelt bleibt. Immer aber, in allen Geschichten, schließt die Wegwarte am Mittag traurig ihre blauen Blüten, weil der Liebste nicht gekommen ist, um sie am nächsten Morgen hoffnungsvoll erneut zu öffnen und sich mit ihnen nach der Sonne zu drehen.

Wann mir die Wegwarte zum ersten Mal aufgefallen ist, weiß ich nicht. In meiner Erinnerung stand sie meist sehr aufrecht irgendwo am Rand der Straßen, so ungefähr einen Meter groß, umsummt von Bienen, Schwebfliegen und anderen Insekten. Über einen längeren Zeitraum wartete aber niemand am Wege, als dessen Ränder nämlich totgespritzt wurden. Inzwischen stecken in den Saatmischungen, die nach Straßenbauarbeiten rechts und links ausgestreut werden, oft auch Samen der Wegwarte. Im ersten Jahr keimt sie und entwickelt eine flache Blattrosette, im zweiten Jahr blüht sie, und im dritten Jahr ist sie fast überall wieder weg, obwohl sie eine lange Pfahlwurzel besitzt. Das Verschwinden liegt zum einem daran, dass vor der Blüte gemäht wird, und ohne Blüte ist keine blaue Blume zu erkennen, zum anderen, dass sie nicht so ein ausgeklügeltes Samenfallschirmsystem besitzt wie ihr naher Verwandter, der Löwenzahn.

Ansonsten ist die Wegwarte voller Talente. 2005 war sie Gemüse des Jahres, 2009 Blume des Jahres und 2020 Heilpflanze des Jahres. Ihre Wurzeln kann man rösten und mahlen und daraus einen Kaffee kochen, wenn man das schwarze bittere Getränk aus den Bohnen nicht mag oder wenn man kein Geld dafür hat. So ein dünner Kaffee heißt Muckefuck, er ist reich an Mineralsalzen, Koffein enthält er nicht. Schon im 17. Jahrhundert wurde dieses gesunde Getränk zubereitet, der Zichorienkaffee galt aber stets nur als Ersatz.

Sind die grünen Blätter der Wegwarte veredelt, heißen sie Chicorée und Endivie, werden gebleicht und zusammen mit Radicchio zu kleinen Kostbarkeiten in der Salatbar. Als Heil-

mittel lassen sich Wurzeln und Blätter gleichermaßen nutzen. Sie regen den Appetit, die Lebertätigkeit und die Harnausscheidung an, dem Magen tun sie ganz allgemein gut. Im Zellsaft ihrer Wurzeln speichert die Wegwarte Inulin, ein aus Fruchtzucker aufgebautes Polysaccharid, auch für Diabetiker ein geeignetes Süßmittel.

Zahlreich sind wie bei vielen allerorts vorkommenden Blumen die Alltagsbezeichnungen der Wegwarte, von Cichurien über Blauer Sonnenwirbel bis Wegeleuchte, oft hat jeder regionale Dialekt seine eigene Form gefunden. Karl der Große hat sie im 8. Jahrhundert unter dem Namen solsequium in seiner Landgüterverordnung Capitulare du Villis aufgeführt; in dieser Vorschrift über die Verwaltung der Landgüter waren alle Pflanzen versammelt, die zum Wohle seiner Untergebenen angebaut werden sollten, Obst, Gemüse und Heilkräuter. Das ist nachvollziehbar, denn nur gesunde Untertanen konnten arbeiten und Abgaben an den Kaiser zahlen.

Als solsequium soll die Wegwarte auch zu den Ingredienzien der Hexensalbe gehört haben. Die Hexen pflückten die Kräuter an einem Tag, der dann demselben Kraut zugehört. Am Sonntag war es solsequium, die Wegwarte, am Montag lunarium, die Mondraute, am Dienstag verbena, das Eisenkraut, am Mittwoch mercuriais, das Bingelkraut, am Donnerstag barba jovis, die Hauswurz, am Freitag capillus veneris, das Frauenhaar, und am Sonnabend rührten die Hexen die Salbe, so der fatale Aberglaube.

Was sich sonst an Vorstellungen um die Wegwarte versammelt, liest sich beinah wie frühe Fake News. Bei Kopfweh soll man eine Wegwarte am blauen Band tragen. Ein in ein Wegwartenblatt gewickeltes Maulwurfsherz muss man unter dem rechten Arm tragen, dann versagt kein Schuss. Die Wegwarte am Mittag des Jakobstages (25. Juli) stillschweigend mit einem Goldstück abgeschnitten, macht unsichtbar. Die Wurzel der Wegwarte, an St. Peter und Paul (29. Juni) um ein Uhr nachts ausgegraben, schützt gegen alle Waffen. Sie hat außerdem die Kraft, sämtliche Dornen und Splitter herauszuziehen und kann auch Türen und Schlösser öffnen. Ausgraben muss man die Wegwarte stets mit einem Hirschgeweih. Was war das doch für eine gute alte Zeit, als die Erde noch eine Scheibe war. Eine phantastische Geschichte allerdings ist wahr: «Wirft man eine Wegwartenblüte auf einen Ameisenhaufen, dann blutet sie.» So ist es. Die Ameisensäure färbt die blaue Blume der Romantik tatsächlich rot. Ich habe es ausprobiert.

Die schönste Legende aber wird aus dem 16. Jahrhundert von Paracelsus überliefert: Nach sieben Jahren des Wartens verwandelt sich die Wurzel der Wegwarte in einen Vogel. Das fällt mir immer ein, wenn ich die hübschen Blaumeisen sehe, wie sie im Winter zu meinen Vogelfutterhäuschen fliegen.

Auf der Wiese

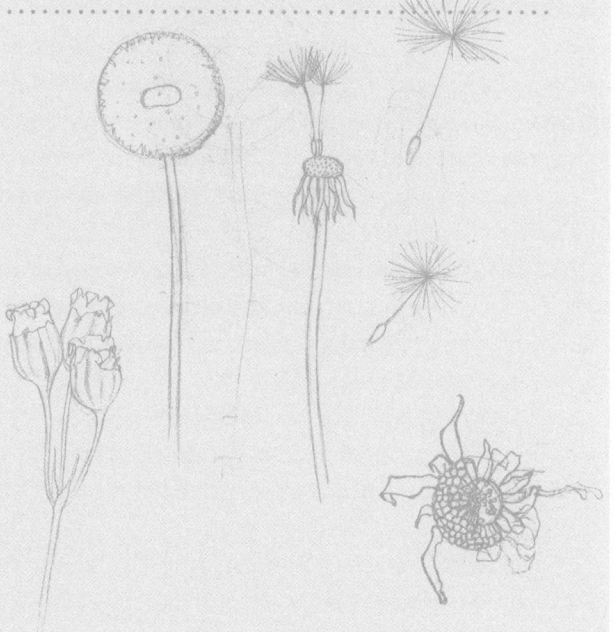

· *Auf der Wiese* ·

Ein Frühling auf der Wiese, überall blüht, duftet, raschelt und summt es. Die Ricke setzt ihr Kitz im hohen Gras mitten zwischen die saftigen Kräuter. Falter taumeln über Blütenköpfen, Bienen saugen Nektar, Hummeln streifen Pollen ab. Später, im Sommer, locken die Grashüpfer mit Gesang. Manchmal laufen behäbig fressende, muhende und wiederkäuende Milchkühe durchs Bild. Wo sie ihre Fladen fallen ließen, arbeiten die Schmeißfliegen und deren Gehilfen sie emsig weg. Die Wiese atmet Sonne und Regen aus, ihre Grashalme bewegen sich wellengleich im Wind. Im Herbst und im Winter ruht die Wiese, nur ein paar Gänseblümchen punkten mit weißen Köpfchen.

Auf dem Grünland steht außer schnellwachsenden Gräsern, die kaum zur Blüte gelangen, nichts für Hungrige. Fünfmal im Jahr kann gemäht werden, auf der Grasnarbe liegt in dicken Streifen die Gülle.

Zwischen diesen beiden Beschreibungen gibt es wenig. Die idyllische Wiese findet man immer seltener, es mag sie noch in Natur- oder Landschaftsschutzgebieten geben; das Grünland ist allgegenwärtig.

Und so ist es ein kleines Wunder, dass ich all diese Wiesenblumen in der letzten Zeit gesehen habe: die Kuckuckslichtnelken und den Scharfen Hahnenfuß, die Schafgarben, die

Schlüsselblumen, die Margeriten und den Wiesensalbei. Nein, sie standen nicht zusammen auf einer Wiese, aber es gibt sie noch, und was Löwenzahn und Gänseblümchen betrifft, die werden weiterhin auch auf städtischen Verkehrsinseln ausharren und dort blühen, allen Beseitigungsversuchen zum Trotz.

· Auf der Wiese ·

Kuckuckslichtnelke und Scharfer Hahnenfuß

Kuckuckslichtnelke – Lychnis flos-cuculi, aus der Familie der Nelkengewächse ◆ *Scharfer Hahnenfuß – Ranunculus acris, aus der Familie der Hahnenfußgewächse*

Als sie den Weg nach draußen nicht mehr schaffte, schlug meine Großmutter stets vor Freude die Hände zusammen, wenn ich ihr an einem Sonntag im Mai einen Strauß aus Rosarot und Gelb brachte: «Oh, Kind, wat is dat scheun! De strubbelige Deern und dat scharfe Fröschchen!» (Meine Großmutter, geboren zwischen zwei Meeren in Schleswig-Holstein, sprach im Alter wieder plattdeutsch.)

Die runden, leuchtend gelben Blütenblätter vom Scharfen Hahnenfuß und die wild zerfransten rosaroten Blüten der Kuckuckslichtnelke an ihren Stängeln fest in meinen Händen haltend, war ich stolz und glücklich von der Wiese am Fluss zu ihr ins Haus gelaufen. Sie steckte dann ihre Nase in die Blüten und rief: «Wat is dat nur vör een scheunen Duft.» Was nicht stimmte. Beide Pflanzen riechen allenfalls nach frischfeuchter Wiese, aber sie freute sich nun mal so.

· Auf der Wiese ·

Auf meine jährlich wiederkehrende Frage, wer denn die strubbelige Deern sei, zeigte sie auf ein rosarotes Blütenköpfchen und erklärte, dessen Blütenblätter stünden so wirr ab wie meine Haare, wenn ich gerade aus dem Bett gekrochen wäre. Dann strich sie mir mit ihrer faltigen Hand über den Kopf und flocht mir einen neuen Zopf. Und weil ich das immer wieder genau so haben und genau so hören wollte, fragte ich sie jahraus, jahrein im Mai nach der strubbeligen Deern und dem scharfen Fröschchen, bis ich es eines Tages vergaß, weil wichtigere Dinge mein Leben erobert hatten. Das scharfe Fröschchen übrigens, das konnte sie nicht erklären, von der offiziellen Linné'schen Benennung hatte sie nie etwas gehört. Das hieß eben so. Nun stimmt es ja, dass der botanische Name Ranunculus Fröschchen heißt und der Zusatz acris scharf; irgendjemand in der Familie meiner Großmutter, muss davon etwas gelesen oder gehört haben, jedenfalls hat sie es wohl mal aufgeschnappt. Vielleicht hatte sie es von ihrem sehr früh verstorbenen Mann, der war Volksschullehrer, ja, so hießen die früher, von dem ging die Legende, er habe jeden Vogel im Baum an seinem Gesang erkannt und jede Pflanze am Wegesrand mit ihrem Namen benennen können.

Der Name Hahnenfuß bezieht sich auf die Form der Blätter dieser Pflanze. Der Scharfe Hahnenfuß ist ungemein anpassungsfähig, er kann im feuchten Milieu wie auf trockenem Boden gedeihen, kreuzt sich auch leicht mit anderen Hahnenfußgewächsen. Er blüht den ganzen Sommer über, vom Mai bis in den Oktober hinein, die meisten Insekten haben kein Problem damit, seine Nektardrüse zu erreichen. Wenn das Wiesengras sehr hoch gewachsen ist, reckt sich auch der Hahnenfuß in die Höhe. Im Salat essen sollte man ihn allerdings besser nicht, seine Pflanzenteile sind nicht nur bitter, sondern auch giftig, und er hat, ebenso wenig wie die Kuckuckslichtnelke, keinen Auftritt in einem Buch über heilkräftige Pflanzen verdient.

Und was die strubbelige Deern betrifft: *Lychnis* ist die Lichtnelke, *flos* ist die Blume und *cuculi* der Kuckuck, zusammen sind sie die Kuckuckslichtnelke. Gemeinsam schauten meine Großmutter und ich die Stängel und Blüten der Deern an, denn wir suchten die Kuckucksspucke. Der Kuckuck, der spucke auf die Kuckuckslichtnelke, und in der schaumigen Spucke wüchsen dann die Zikaden, deren Zirpen sie so gern höre, sagte Großmutter, die Spucke sei das Nest für die Zikadeneier. Und damit hatte sie beinahe recht. Die Kuckucksspucke, das sind tatsächlich Schaumbläschen, die von den aus den Eiern geschlüpften Larven der Schaumzikade, Philaenus spumarius, hervorgebracht werden, indem sie Luft in ihre eiweißhaltige Kotflüssigkeit blasen. Der Schaum schützt die kleinen Larven vor Austrocknung und Fressfeinden, der Kuckuck hat damit rein gar nichts zu tun.

In den Blütenblättern der rosaroten Kuckuckslichtnelke mit ihrer kurzen Röhre können auch langrüsselige Nachtfalter Nektar erbeuten, schlafen gehen die Blüten am Abend nicht. Der gelbe Hahnenfuß hingegen schließt seine Blüte bei einsetzender Dunkelheit und feuchtem Wetter. So kommt es, dass ein Wiesenpanorama von Flos-cuculi und Ranunculus, das am Tag noch schön gelb-rot-grün daherkommt, am Abend oder bei Regen nur noch rot und grün ist. Irgendwann im Juli lässt

die Kuckuckslichtnelke dann das Blühen sein, das Bild bleibt noch bis Oktober grün-gelb gefärbt, danach gibt's dann nichts weiter als eine grüne Wiese zu sehen.

Kuckuckslichtnelke und Scharfer Hahnenfuß gehören für mich zusammen, obwohl sie nicht in Symbiose miteinander leben, keine Zwillinge sind und nicht einmal aus einer Pflanzenfamilie stammen. Jedes Jahr im Mai versuche ich, wenn es irgend geht, für das bunte Wiesenpanorama an die Oste zu fahren, einen Fluss, der von Süden kommend in die Niederelbe mündet. Es ist Überschwemmungsland, und wenn die Oste die ganzen Niederschläge nicht so schnell mitnehmen kann, steht die Wiese immer mal wieder unter Wasser. Buschige Weiden gedeihen dort, hier und da stehen Erlen. Nasse Füße gibt es fast jedes Mal. In einer Biegung des Flusses, etwas außerhalb des Dorfes, nahe einer schmalen Straße, vollzieht sich alle Jahre wieder trotz Gülleausbringung ringsum das Blütenwunder. Kuckuckslichtnelken und Scharfer Hahnenfuß malen auf grüner Grasgrundierung ein fröhliches Bild aus leuchtend gelben und rosaroten Flächen, Streifen und Tupfern, verschlungen ineinander, keiner Regel folgend.

In diesem Frühjahr, im Mai 2020, hatte ich meinen Fotoapparat umgehängt, ich wartete auf das richtige Licht, hörte manchmal ein Auto vorbeifahren, sah ein, zwei Kanus auf dem Fluss vorbeigleiten, die Paddel rhythmisch im Wasser platschend. Dann läuteten die Kirchenglocken. Sehr leise, fast verhalten, sie luden zum Gottesdienst. Er fand nicht in der Kirche statt, Corona-Regeln verhinderten das. Als ich mal über einem Drehbuch brütete, hatte mir ein Regisseur den Tipp gegeben, wie ich ausschließlich über einen Ton mitteilen könnte, dass Sonntag ist, zumindest wäre das in protestantischen Gebieten so:

«Schreib einfach nur: Kirchenglocken läuten.»

Na ja, ja, es war Sonntag. Die strubbelige Deern und das scharfe Fröschchen gehörten rosarot und gelb blühend von Mai bis Juli wieder zusammen, und meine Großmutter war bestimmt auch dabei.

· Auf der Wiese ·

Gänseblümchen und Margerite

Gänseblümchen – Bellis perennis ◆
Margerite – Leucanthemum vulgare,
beide aus der Familie der Korbblütler

Für mich gehören auch die Schöne und die Weißblühende, Bellis und Leucanthemum zusammen, allerdings wie eine kleine und eine große Schwester, weil sie sich so ähnlich sehen. Doch Gänseblümchen und Margerite sind ganz eigenständige Pflanzen innerhalb der Familie der Korbblütler oder Asteraceae, von denen es ungefähr 24 000 Arten auf fast allen Kontinenten der Erde gibt.

Die Blüte der Asteraceae ähnelt einem Körbchen; viele winzige Blüten bilden ein Köpfchen, umgeben von einem schützenden Kranz aus weißen Blütenblättern, botanisch wird das eine Scheinblüte genannt. Was da so weiß um die gelben Köpfchen von Gänseblümchen und Margerite leuchtet, das ist der schöne Schein, der dient zum Anlocken der Bestäuber. Die weißen Blüten, sie heißen Zungenblüten, sind steril, also unfruchtbar, die gelben Blüten, die Röhrenblüten im Köpfchen, sind fertil und können befruchtet werden.

· Auf der Wiese ·

Hummeln, Schwebfliegen, Bienen und Fliegen landen auf Tausendschönchen, Marienblümchen, Kleiner Margerite oder, wie man es meist nennt, Gänseblümchen, und ob es so heißt, weil es auf der Gänseweide wächst, wer weiß das schon.

Von Mai bis September fliegen Wespen, Wildbienen, Fliegen und Falter auf Goseblome, Kranzblume, Wucherblume oder Margerite. Margerite leitet sich ab vom lateinischen margarita, das wiederum ist dem altgriechischen margarites entlehnt und bedeutet Perle. Weshalb Perle? Vielleicht wegen der perlenschön reflektierenden weißen Zungenblüten?

Fossile Pollen zeigen, dass die ersten Korbblütler schon vor ungefähr 38 Millionen Jahren blühten. Damit haben diese wilden Blumen den Menschen einiges an Entwicklung voraus. Wie das Gänseblümchen. Es richtet sich in Bewegung und Wachstum nach der Sonne, das heißt, das Blütenkörbchen dreht sich bei Sonnenschein jeden Tag von Sonnenaufgang im Osten bis zum Sonnenuntergang im Westen mit. Diese besondere Fähigkeit heißt Heliotropismus. Die Bewegung wird von «Motorzellen» ausgeführt, ja, sie werden tatsächlich so genannt. In der modernen Architektur hat das Nachahmung gefunden, in Form von technisch avancierten Häusern, die sich automatisch in die Sonne oder den Schatten drehen, je nachdem, was wettermäßig gerade gebraucht wird. Um diese Bewegung einwandfrei hinzubekommen, muss vorher allerdings ziemlich viel gerechnet werden, da sind die Gänseblümchen mit ihrem Heliotropismus fein raus.

Die größere Margerite hat diese Fähigkeit nicht, dafür bietet sie literarische Verschwisterungen: die Gretel im Märchen

«Hänsel und Gretel» von den Brüdern Grimm und das Gretchen im Drama «Faust» von Johann Wolfgang von Goethe. Als Sternblume des Gretchens ging sie in die Weltliteratur ein. Mit der Margerite als Orakel fragt das unsichere Gretchen nach der Liebe seines Verehrers Faust: «Er liebt mich, er liebt mich nicht, er liebt mich ...» Dabei reißt sie, und dies ganz bestimmt mit heftigem Herzklopfen, so lange je ein weißes Blütenblatt ab, bis alle im Wiesengras liegen und das letzte verbliebene Blatt die Antwort gibt. Welche? Tja, an dieser Stelle müsste, falls die Lektüre des «Faust» schon einige Zeit zurückliegt, noch einmal darin gelesen werden. Hat er fein erdacht, der Herr von Goethe, dieses Spiel mit den Namen: Margarete, die Perle, befragt im Blumenorakel sich selbst.

Gänseblümchen
Samen

Margerite
Blütenboden mit
Hüll- und Blütenblättern

Samen

Blütenboden mit
Hüllblättern

· Auf der Wiese ·

Gretchen war gewiss nicht die Einzige, die das Weiße von den gelben Köpfchen rupfte; das Margeriten-Orakel ist in vielen Ländern bekannt. In Österreich sagt man: «Er (oder sie) liebt mich – von Herzen – mit Schmerzen – ein wenig – oder gar nicht», und in Frankreich : «Elle m'aime un peu, beaucoup, par fantasie, par jalousie, pas du tout», und in der Schweiz hieß es bei den Mädchen: «Ledig sin? Hochsig han? Ins Chlösterli ga?» In Mainfranken ging es noch ohne Wetter-App um die Frage: «Schea? Schiach?», um das ungeborene Kind, als Ultraschall noch nicht Standard war: «Bua, Mädla, Bua, Mädla», und zu guter Letzt ging es nur noch darum, wohin es den Menschen nach dem Leben verschlägt: «Himmel? Hölle? Fegefeuer?»

Und immer gaben und geben die weißen Zungenblüten Auskunft. Denn die Margerite wächst in Europa überall und ist als sommerliche Orakelblume stets greifbar. Sie gibt sich mit beinahe jedem Boden zufrieden, nur zu fett darf er nicht sein. Das ebenfalls genügsame Gänseblümchen hingegen hat vom südlichen Europa aus den Planeten erobert. Oft sind seine Zungenblüten an der Spitze rot getupft. So entstand die Legende von der Muttergottesblume: Maria wollte ihrem Kind zum Geburtstag einen Kranz flechten. Sie nahm weiße Schnipsel von ihrer Näharbeit und ein bisschen gelben Stoff und machte daraus kleine kunstvolle Blumen. Sie war schon beinah fertig, als sie sich mit der Nadel in den Finger stach, sodass Blutströpfchen auf die weißen Blüten fielen. Das Jesuskind pflanzte die Blümchen vors Haus, und von dort aus zogen sie über die ganze Erde.

Botanisch nennt man solche Wanderer Archäophyten. Das sind Pflanzen, die sich vor 1492, da erreichte Kolumbus Amerika, durch menschliches Zutun in einem neuen Land ansiedelten und vermehrten. Nach Mitteleuropa sind diese Einwanderer meist aus der Mittelmeergegend gelangt, vermutlich durch den Ackerbau und die landgierigen Römer; nach Übersee reisten sie oft durch ungewollte Beimischung von Grassamen.

In der Heilkunde wird heute noch ein Aufguss getrockneter Gänseblümchenblüten bei Atemwegserkrankungen praktiziert, wie praktisch, blüht es doch ohne Unterlass das ganze Jahr durch, und wenn Schnee oder Frost es mal verstecken oder platt drücken sollten, richtet es sich bei Tauwetter wieder auf. Und ein Salatrezept für Gänseblümchen, vom Frankfurter Arzt, Naturforscher und Botaniker Adam Lonitzer, aufgeschrieben 1557 in seinem Kräuterbuch, ist so genial wie einfach: «Dieses Kraut, wann es noch zart ist, mit Salz, Essig und Öl genossen.»

Genau. Es schmeckt nicht nur gut, es vertreibt auch jegliche schlechte Laune.

· Auf der Wiese ·

Gewöhnliche Schafgarbe

....
Gewöhnliche Schafgarbe – Achillea
millefolium, aus der Familie der Korbblütler
....

Millefolium, das ist lateinisch ein Tausendblatt, denn die vielen grau-grünen Blätter der Schafgarbe sind ganz fein gefiedert, kleine Kunstwerke einer auf den ersten Blick überhaupt nicht spektakulär aussehenden Pflanze. Achillea, das ist abgeleitet vom Namen des griechischen Sagenhelden Achilles. Der Mythos sagt, der Held des Trojanischen Krieges habe sich auf die Wundbehandlung mit Kräutern verstanden, die Wunde des Telephos soll er mit Schafgarbe geheilt haben. Die Pflanze war also schon in der Antike bekannt.

In Eurasien, auch in Nord- und Mittelamerika ist die Schafgarbe ursprünglich beheimatet. In vielen weiteren Ländern der Erde ist sie ein Neophyt, also erst durch menschliche Einflussnahme heimisch geworden. Sie passt sich fast allen Böden an, und ist der Boden voller Energie, dann kann die Schafgarbe sich bis zu einem Meter in die Höhe strecken. Obwohl sie als Stickstoffanzeiger gilt, wächst sie bei mir auf einer mageren Wiese. Mit ihren Ausläufern kriecht sie unter den Grassoden weiter, sodass sie bald kurze, trittfeste Teppiche bildet und das

Gras verdrängt. Laufe ich darüber, duftet es aromatisch. Viele Wochen vor dem Blühen treibt sie ihre zarten Fiederblättchen, und solange ich mich erinnern kann, waren zur Zeit der Blüte von Mai bis Ende Juli die unfruchtbaren Zungenblüten und die fruchtbaren Röhrenblüten der Schafgarbe umsummt und umschwirrt von Insekten, die ganz leicht an den offenen Nektar in die Blüten gelangen und dabei auch gleich die Bestäubung erledigen. Inzwischen summen und umschwirren merklich weniger Gäste die blühenden Pflanzen. Ab und an sind die kleinen Blüten auch rosa, manchmal gibt es weiße und rosa Blüten zusammen an einer Pflanze. So eine blühende, balsamisch duftende Schafgarbenwiese macht immer ein bisschen glücklich, denn die Pflanze bildet große Kolonien, sie ist nicht nur ein Tausendblatt, sie versamt sich auch leicht. Und ganz besonders schön ist, dass ihre unzähligen kleinen Blüten in der Abenddämmerung noch lange leuchten.

Das Kraut schmeckt herb-bitter, nach alter Rezeptur gehört es zusammen mit anderen frühen Blattkräutern in die Gründonnerstagssuppe vor dem Osterfest, dann schenkt sie Gesundheit fürs ganze Jahr. Sollte man zumindest mal probieren, giftig ist die Schafgarbe nicht, schaden kann es also auch nicht.

In Frankreich trägt sie den Namen Herbe de St. Joseph, das Kraut des heiligen Josef von Nazareth, Bräutigam der Jungfrau Maria und als Zimmerman der Patron der Handwerker, besonders der Schreiner und Zimmerleute. Auf Englisch heißt die Schafgarbe yarrow, aber im Volksmund sagen sie carpentergrass, Zimmermannskraut. Oder, und damit sind wir wieder

beim heilkundigen Krieger Achilles, soldier's woundwort, die Wundwurzel des Soldaten. Und so hat die Schafgarbe nicht nur die Wunden des Telephos vor Troja geheilt, offenbar taugte sie auch für Schnittverletzungen bei Handwerkern. Vermutlich als gestampfter Brei direkt auf eine Wunde gelegt, hat sie ihre antibakterielle und adstringierende, das heißt zusammenziehende Wirkung gezeigt und damit zur Heilung beigetragen. Ein Kräuterbuch des 16. Jahrhunderts gibt darüber Auskunft:

«Das gemein gerwelkraut mag under die gekrönten und wundkräuter gezelet werden, dann die wundarzet brauchen das kraut offt zu jren dräncken und pflastersalben, darumb das es zu allen wunden dienstlich ist.»

Der Volksmund kennt noch zwei Namen, die anzeigen, wozu die Schafgarbe gut ist: «Bauchwehkraut» und «Heil aller Schaden». Ja, in der traditionellen Heilkunde hatte die Schafgarbe tatsächlich eine große Bedeutung, auch viele Erkrankungen der inneren Organe sollte sie heilen, und sie findet auch heute noch Anwendung in der Pharmakologie. Nur sollte man sich nicht zum Sonnenbaden nackt auf das Kraut legen, die Berührung kann nämlich Hautirritationen erzeugen, Wiesendermatitis genannt.

Auf altrömischen Sarkophagen wurde die Schafgarbe manchmal als Symbol des ewigen Schlafes abgebildet, wohl weil ihr Duft eine leicht betäubende Wirkung hat. Überliefert ist auch ein englischer Liebeszauber, für den die Schafgarbe vom Grab eines Jünglings gepflückt werden musste: Wie Josef Maria mit seiner Liebe umfing, sollte der Pflückenden im Traum ihre große Liebe erscheinen. Und im Brautstrauß durfte die Schafgarbe früher auch nicht fehlen.

Dass die Blätter, Blüten und Stängel der Schafgarbe daneben zum Gelbfärben von Wolle dienten, klingt vergleichsweise unromantisch, machte sie den Menschen vergangener Jahrhunderte aber wertvoller als viele Wiesenpflanzen mit prächtigerem Blütenschmuck.

· Auf der Wiese ·

Echte Schlüsselblume

Echte Schlüsselblume – Primula veris,
aus der Familie der Primelgewächse

Erstes blühendes Kraut des Frühlings, lateinisch: Primula herba veris, nannte Linné im 18. Jahrhundert die Schlüsselblume, volkstümlich wird sie Himmelsschlüssel genannt. Von April bis Juni bestimmt die kleine Blume mit ihren vielen dottergelben Doldenblüten das Bild der Wiesen, besonders dort, wo der Boden kalkreich, stickstoffarm und trocken ist, oft sind es schmale, sonnige Taleinschnitte in den Mittelgebirgen. Dann gibt es dort schönste blühende Matten (von Mahd, mähen), fast über Nacht wird die ganze Wiese gelb.

Im Steigerwald habe ich einmal frühmorgens im April am Rand einer leicht nach Südwesten geneigten Schlüsselblumenwiese gesessen. Welch ein Glück! Es duftete betörend, während der nächtliche Tau auf den Blättern und Blüten verdunstete. Dicke Hummeln schnurrten über den Blüten hin und her, kleine, unscheinbare Falter und zwei zimtbraune Schmetterlinge mit hellen rotbraunen Flecken flatterten eifrig darüber hinweg. Sie tragen den schönen Namen Schlüsselblumen-Würfelfalter und legen ausschließlich auf Schlüsselblumen als Wirtspflanzen

Eier ab, damit die sich daraus entwickelnden Raupen etwas zu futtern haben. Diese Schmetterlinge hatte ich in Norddeutschland noch nie gesehen, und inzwischen weiß ich, dass sie dort gar nicht vorkommen, weil Schlüsselblumen im Norden eher selten sind. Die Silbergraue Bandeule, einen Nachtfalter, der seine Eier ebenfalls den Schlüsselblumen überlässt, habe ich leider nie entdeckt. Wer sitzt schon nachts auf einer Schlüsselblumenwiese?

An den aufrechtstehenden Blütenstielen mit ihrer Höhe von ungefähr 25 Zentimetern, die sich gegen das wachsende Wiesengras behaupten mussten, zählte ich an jeder Schlüsselblume meist acht bis neun Kelchblüten in einer Dolde. Manchmal waren es auch zwanzig, dann hatte der Stiel schwer an der Last zu tragen, und die Dolden nickten unentwegt, besonders wenn eine dicke Hummel in eine der Blüten kroch. Die etwas gespaltenen Blüten waren leicht abwärts geneigt, wie kleine Schirme sahen sie aus, vermutlich um Blütenstaub und Nektar gegen den Regen zu schützen. Als ich mir einen der kleinen eidottergelben Blütentrichter mit den fünf Blütenblättern genau ansah, entdeckte ich auf der Innenseite der Blumenkrone fünf orangefarbene Streifen, die in den Eingang der Blütenröhre mündeten. Diese Streifen werden als Honig- oder Saftmale bezeichnet, denn sie verströmen einen starken, für die Insekten unwiderstehlichen Duft. Früher stellte man sich vor, sie dienten den langrüsseligen Hummeln, Schmetterlingen und Faltern als Wegweiser zum Nektar. Welch ein schönes Bild, wie sie summend und brummend an den Streifen entlang hinunter zur Nektarquelle düsen. Aber dies ist nur ein Bild im Kopf, wer tief in die Blüte gelangt, das ist ein langer Rüssel, das ist keine dicke Hummel. Ich sah zu, wie eine gänzlich mit dem Kopf in einer Blüte verschwand, während ihre Flügel fast senkrecht nach oben standen. Gleich darauf krabbelte sie heraus und flog zur nächsten Schlüsselblume, und hier schien es mir so, als wolle sie nur kurz an der Blüte nippen. Der Grund: Botanisch heißt er Heterostylie, von lateinisch stylus, Griffel. (Der weibliche Griffel sitzt in der Mitte einer Blüte und trägt oben die Narbe zur Befruchtung.)

Bei der Schlüsselblume gibt es nämlich zwei unterschiedlichen Blütentypen, kurzgriffelige und langgriffelige, ansonsten sind die Pflanzen völlig gleich im Aufbau. Fliegt eine Hummel zu einer weiblichen kurzgriffeligen Blüte, schiebt sie den Rüssel hinein und streift dabei Blütenstaub von den oben sit-

Langgriffelige Blüte

Kurzgriffelige Blüte

Kapselfrüchte

zenden männlichen Staubblättern ab, fliegt sie dann zu einer langgriffeligen Blüte, bringt sie den eben abgestreiften Blütenstaub auf die hier nun oben sitzende Narbe des Griffels und taucht dann mit Kopf und Rüssel in die Blüte, wobei sie den Blütenstaub von den hier tiefer sitzenden Staubblättern abstreift und mitnimmt. So befruchtet sie beim Hin-und-her-Fliegen zwischen den Schlüsselblumen die einen jeweils mit dem Blütenstaub der anderen, durch diese Fremdbestäubung entwickeln sich wesentlich mehr Samen als bei einer Selbstbestäubung. Es geht immer ums Überleben der Art. Immer. Doch diese Erkenntnis ist mir an diesem Morgen im April nicht durch den Kopf gegangen, als ich ein bisschen steifgefroren aufstand, gerade als die Sonne sich anschickte, den Hang in ein großes Leuchten zu verwandeln.

Der weitverbreitete Name Himmelsschlüssel entstand vermutlich wegen der Ähnlichkeit des Blütenstandes mit einem altmodischen Schlüsselbund: Die Blüten sind der Schlüsselbart, und der Stängel ist das Schlüsselrohr. Eine Sage erzählt, weil Petrus die Schlüsselgewalt über den Himmel hatte, konnte er ihn jederzeit aufschließen. Doch eines Tages sei ihm das Schlüsselbund entglitten und hinunter auf die Erde gefallen, und daraus erwuchs dann der Himmelsschlüssel. Vermutlich fiel der Schlüssel irgendwo auf Kalkgestein.

Für die gelbe Blütenfarbe von Primula veris sind Flavonole verantwortlich, eine chemische Verbindung, abgeleitet von lateinisch flavus, gelb. In der Signaturen- oder Farbenlehre des Paracelsus aus dem 16. Jahrhundert ist die gelbe Schlüsselblume daher ein Mittel gegen Gelbsucht. Und Hildegard von

Bingen, die Äbtissin aus dem 12. Jahrhundert, deren botanische Schriften noch immer kursieren, verordnete das «Himmelsschluzela» gegen Melancholie und Paralyse. Und in der Tat gelten heute noch die Inhaltsstoffe der Primula veris als entkrampfend und schleimlösend, damit auch als Mittel gegen Erkältungskrankheiten, besonders der Tee aus Blüten, Blättern und Wurzeln soll wirksam sein. Giftig sind alle drei Pflanzenteile nicht, in den Blättern steckt sogar etwas Vitamin C.

Meine Tante Dora, geflohen im Zweiten Weltkrieg aus Ostpreußen, hegte in ihrem Garten liebevoll einige Himmelsschlüssel, die sie den Primeln aus der Gärtnerei vorzog. Gelbe, rote, blaue; kurz: Bunte Primeln pflanzte sie nur auf dem Friedhof. Wüsste sie von den «Wegwerfprimeln», die heute im Frühling in Massen den Blütenhunger der Menschen stillen sollen, sie wäre traurig über deren Schicksal. Ihre einheimischen Himmelsschlüssel hatte Tante Dora an eine Stelle am Haus gesetzt, wo früher Bauschutt gelagert war und wo in der Erde noch ein paar Mauersteine steckten, Kalkschutt eben. Dort gedeihen sie am besten, sagte sie, ohne zu wissen, warum. Im Frühling, wenn die Himmelsschlüssel blühten, erzählte sie mir vom Himmelsschlötchenstecken der Mädchen auf der Danziger Nehrung, einem Liebesorakel, um zu erfahren, wann der ersehnte Bräutigam käme. Leider habe ich zu Lebzeiten der Tante nicht so richtig nachgefragt, wie das Orakel wirklich funktionierte, und auch nirgendwo einen Hinweis darauf gefunden. Schade. So richtig passt zu der Geschichte allerdings nicht, dass die Schlüsselblume in der Danziger Nehrung gewachsen sein soll, denn ein natürliches Vorkommen der Schlüsselblume

gibt es dort auf den eiszeitlichen Geschiebe- und Moränenfeldern nicht, die sind unfruchtbar und kalkarm.

Tante Dora berichtete auch von ihren Verwandten in Westpreußen, die hätten wie die Hasen die ersten grünen Blätter vom Himmelsschlötchen als Salat gegessen. «Und, Marjellchen, Tee jebrüht und jetrunken haben se auch davon. Konnt aber nich vertragen jede.»

Wiesensalbei

*Wiesensalbei – Salvia pratensis,
aus der Familie der Lippenblütler*

Er ist der Gesunde, der auf der Wiese wächst, denn salvus heißt gesund und pratensis der Wiese zugehörig. Er ist eine Pflanze des Lichts, stünde er im Schatten, bliebe er steril und würde verkümmern. Ursprünglich stammt er nämlich aus dem Mittelmeerraum, wie die anderen Salbeiarten auch. In der Volksmedizin gibt es viele Rezepte für Salvia officinalis, den Heilsalbei (dessen Blätter ich auch in der Butter für die Gnocchi schwenke); in niedrigerer Dosis enthält dessen wertvolle Inhaltsstoffe auch der Wiesensalbei. Viele überlieferte Sprüche zeugen vom guten Ruf dieser Pflanzenfamilie: *Wer auf Salbei baut, den Tod kaum schaut,* oder: *Du willst krank sein und hast Salbei im Garten?* Vermutlich haben die Menschen schon früh erkannt, dass Savia pratensis tonisierende, also stärkende Eigenschaften besitzt. Er soll bei starker Transpiration wie bei nervösem Schwindel helfen und gilt als Magenmittel bei Darmträgheit. Doch wie bei vielen Wildpflanzenrezepten ist auch hier Vorsicht angesagt, nicht alle Menschen vertragen die Kräuter aus der Naturapotheke.

· *Auf der Wiese* ·

Ich streue die Blätter des Salbeis frisch gehackt wie Petersilie auf den Salat, und weil ich ihn in meiner Gegend nicht mehr wild fand, habe ich ihn vor ein paar Jahren auf die Gartenwiese gepflanzt. Der Wiesensalbei wird ungefähr vierzig Zentimeter hoch, er mag es trocken und sonnig, und wenn Kalk und Nährstoffe im Boden sind, gedeiht er umso besser. Mit seiner langen Pfahlwurzel kann er Wasser aus einiger Tiefe aufsaugen, um bei Trockenheit zu überleben. Auch seine stark gerunzelten Blätter tragen dazu bei, weil ihre Verdunstung geringer ist als bei flachen Blättern. Wie Salvia officinalis produziert er ätherische Öle, auch sie dienen ihm als Schutz gegen zu starke Erwärmung, nur sind sie beim Wiesensalbei nicht so ausgeprägt. Der Wiesensalbei ist sicher besser als andere Pflanzen für den immer schneller voranschreitenden Klimawandel gerüstet.

In der Mitte und im Süden Deutschlands waren noch vor zwanzig Jahren zwischen Ende Mai und Mitte August die Wiesen blau gesprenkelt von den Lippenblüten des Wiesensalbeis. Seitdem die meisten Wiesen umgebrochen (d. h. in Ackerland verwandelt) wurden und auf den verbleibenden das schnell wachsende neue Gras bis zu fünfmal im Jahr gemäht wird, seit zwischen jedem Mähgang Gülle ausgebracht wird, die aus den Schleppschläuchen in einem regelmäßigen Muster aus dicken schwarzen Streifen spritzt und dann so liegen bleibt, hat der Wiesensalbei viel von seinem ursprünglichen Lebensraum verloren. Nur wenn eine Wiese extensiv bewirtschaftet wird, kann er noch wachsen, blühen, sich versamen und in jedem Jahr aus seinen am Boden liegenden Rosetten wieder austreiben.

Wie bei allen Lippenblütlern ist auch bei ihm die Art der Bestäubung an die blütenbesuchenden Insekten angepasst. Ganz besonders gute Bestäuber sind die Hummeln, deren lautmalerischer Name aus dem althochdeutschen stammt, humbal, die Summenden.

Fast alle Lippenblütler besitzen vier männliche Staubblätter, die im Staubbeutelfach den Pollen, den Blütenstaub enthalten. Beim Wiesensalbei wie auch bei verwandten Arten sind aber nur die beiden vorderen Staubblätter vorhanden. Und die funktionieren wie ein Schlagwerkzeug, sogar die Bezeichnung «Schlagbaummechanismus» gibt es dafür.

Und als ich eine der azurblauen Blüten des Wiesensalbeis vorsichtig abgezupft hatte und sie mit der Lupe betrachtete, konnte ich klar erkennen, was damit gemeint ist. Wie es bei diesem diffizilen Vorgang der Bestäubung vor sich geht, habe ich kurz darauf live beobachtet: Eine Hummel fliegt an und zwängt sich in die kaum vier Millimeter hohe Blüte, zwischen «Unter-» und «Oberlippe», es ist der einzige Weg, um an den Nektar zu gelangen. Sie setzt sich auf die Unterlippe und drückt dabei mit ihrem Kopf oder dem Rüssel die löffelförmige Platte des unteren Staublattes herunter, das mit dem oberen Staubblatt und dessen Pollen verbunden ist. Wie von einem Hebel betätigt, biegt sich darauf der obere Blütenbogen, die Oberlippe, zusammen mit dem Staubbeutel herunter bis zum Rücken der Hummel, wo der Blütenstaub im Pelz des Insekts haftenbleibt. Voll beladen fliegt die Hummel zur nächsten Blüte und streift den Staub dort ab, schon ist die Fremdbestäubung geschehen. Fruchtknoten, Griffel und Narbe sind der weibliche mittlere

Teil einer Blüte und heißen Stempel. Nach ein paar Wochen werden dann die vier dunkelbraunen Samen einer Frucht von Tieren oder vom Wind verbreitet, und wenn ihnen der Boden zusagt, auf dem sie liegen bleiben, keimen sie vielleicht auch.

«In Oberbayern pflückt man am Ulrichstag (4. Juli)», so steht es im Handwörterbuch des Deutschen Aberglaubens, «mittags 12 Uhr den Wiesen-S., damit kann man Mäuse vertreiben.»

St. Ulrich ist der Mäusepatron, und die Mäuse machen mir in den letzten Jahren im Garten schwer zu schaffen. High Noon also. Ich habe es versucht. Einerseits hoffte ich, zugegebenermaßen nicht gänzlich ernsthaft, dass die waagerechte Gänge

grabenden, wurzelfressenden und gefährlich tiefe Löcher im Gras hinterlassenden Wühlmäuse bei der Begegnung mit dem Wiesensalbei schnurstracks Reißaus nähmen. Das taten sie leider nicht. Andererseits: Auch die Wühlmäuse brauchen ihre Wiesen-Biotope, genauso wie Salvia pratensis.

Auf der Wiese

Gewöhnlicher Löwenzahn

> Gewöhnlicher Löwenzahn – Taraxacum,
> aus der Familie der Korbblütler

Ich bin ihm und seiner strahlenden Schönheit verfallen. Er ist mir absolut treu und verlässt mich und meinen Garten nie. Von April bis Juli leuchtet er tagsüber mit seiner großen gelben Scheinblüte, die aus Hunderten kleinen, gelben Zungenblüten besteht, meine Beete und meine Wiese aus. Ist sein Köpfchen verblüht, versamt er sich, getragen von Hunderten kleinen Schirmchen, an allen erdenklichen Orten. Er keimt in den winzigsten Fugen der alten Ziegelklinker, aus denen ich Wege gelegt habe; er besetzt als Pionierpflanze Sandhaufen und Mauern in meiner Umgebung; er kann gezielt Größe und Form seiner gezähnten Blätter den Umständen anpassen, auch mit gleißender Sonne und lichtem Schatten nimmt er es auf. Unter meinem Ahorn und neben der Eiche am Rand des Grundstücks sind seine Blätter zart, groß, durchscheinend und kaum gezähnt, in der Sonne am Teich sind sie hart, klein, fest und stark gezähnt. Er vermag seine Wurzel auf der Suche nach Wasser bis zu einem Meter tief in den Boden zu treiben; er schafft es, seine Blattrosetten aus der Wurzel heraus zu erneuern, selbst wenn die Pflanze über dem Boden komplett abgeschnitten wird, wie jeder Gärtner weiß; wird er platt getreten oder immer wieder abgemäht, bleibt er klein und flach, so bietet er wenig Fläche für weitere Angriffe. Wächst er aber ungestört, hält er sich und seine Blätter aufrecht, ebenso die Blütenstiele, die erreichen dann leicht mal eine Höhe von 80 Zentimetern. Er ist ein echter Opportunist, der Gewöhnliche Löwenzahn. Zwar hängt er sein Mäntelchen nicht nach dem Winde, wie denn auch?, er trägt ja keines, aber seiner Umgebung und der vorherrschenden Witterung passt er sich perfekt an. An jedem Morgen, wenn die Sonne scheint, öffnen sich die Hüllblätter der ursprünglichen Knospe und geben die Blüte frei, und an jedem Abend schließen sich die Hüllblätter wieder und die gelbe Pracht ein, das wiederholt sich viele Tage lang, ebenso bei Regen oder wenn schwere graue Wolken den Himmel verdunkeln. Eine gewaltige Kraftanstrengung des Öffnens und Schließens zum Schutz der Blüte, die nötig ist, bis die Samen ausgebildet sind. Und wenn die nicht alle auf einmal davongeweht oder -gepustet sind, wiederholt sich die Prozedur, bis alle Samen unterwegs sind, Hüllblätter auf, Hüllblätter zu.

Ein Löwenzahnbiotop der besonderen Art sind die grauen Schottergärten vor Einfamilien-Neubauhäusern, die sind ja so pflegeleicht. Ich nenne sie den falsch verstandenen japanischen Garten oder den Fluch der Baumärkte. Wo früher in einem Vorgarten bunte Stauden blühten, zumindest aber Gras und Rosen wachsen durften, erstreckt sich jetzt eine graue Steinwüste, die einen glauben machen könnte, als Nächstes komme eine eiserne Lokomotive durch den Schotter ge-

dampft, es müssten nur noch Schienen verlegt werden. Wenn allerdings die winzigen Flugschirme der Löwenzahnsamen hier landen, dann ist das schon die halbe Miete für ein Keimen im staubig steinigen Bett, unkündbar für viele Jahre, es sei denn, der Steingartenbesitzer greift zu ganz üblen Waffen: Glyphosat, in den letzten Jahren zu unrühmlicher Bekanntheit gelangt und so giftig, dass das Schotterbeet selbst vom zähen Löwenzahn unbesiedelt bleibt.

Wie ist der Volksmund eigentlich auf die Namen der Blume gekommen? Die gezähnten Blätter sehen gefährlich aus, der Name Löwenzahn ist klar. Doch was ist mit Pissnelke, Mönchskopf, Lichterblume, Laterne, Sonnenwirbel, Kuhblume, Butterblume, Kettenblume, Ringelstock, Millistöck, Trötenblume, Pusteblume und Hundeblume?

Der weiße Milchsaft in den Stängeln gilt als harntreibend. Die Blüte ähnelt der runden Tonsur eines Mönches. Die Blüten leuchten in der Sonne. Die Kühe fressen ihn gern, sie produzieren davon rahmige Milch für die Butter. Die Blütenstängel kann man zu Halsketten, geschmückt mit Blüten, zusammenstecken. Der an seinem Ende gespleißte Stängel ergibt eine Minitröte. Die Pusteblume? Wenn die Blumenkrone nach dem Verblühen abgefallen ist, strecken sich die Stiele des Fruchtknotens mit den Härchen darauf in die Länge. Noch sind die Samen, die Schirmflieger, auf einer grünen, runden Plattform verankert. Nach dem Pusten oder nach einem Windstoß schweben sie jedoch davon. Der Schwerpunkt liegt ganz tief, die winzigen Fallschirme haben eine große Reichweite. Wo sie landen, bleiben sie, verankern sich und keimen. Da sind sie, wie gesagt, überhaupt nicht wählerisch. Und wer auf der Plattform zurückgeblieben ist, wird nach dem Pusten ausgezählt.

Phfff... wie viele böse Taten habe ich begangen?
Phfff... wie viele Jahre macht Putin noch weiter?
Phfff... wie viele Jahre leb ich noch?

Und Hundeblume? Ich weiß es nicht. Vielleicht, weil Hunde achtlos über die Pflanze laufen. 1946 hat Wolfgang Borchert ihr in einer kurzen Novelle ein Denkmal gesetzt: Ein junger Gefangener sieht beim Hofgang eine winzige Löwenzahnrosette mit einer gelben Blüte darauf, versteckt zwischen den Pflastersteinen. Sonst wächst nichts auf dem Areal. Die Sehnsucht des Gefangenen nach dem Besitz der Hundeblume, wie er sie nennt, wird so groß, dass er sie eines Tages heimlich abreißt und mit in seine Zelle nimmt. Um sie zu besitzen, nimmt er ihren Tod in Kauf. Vermutlich weiß er nicht, dass die Hundeblume draußen im Gefängnishof wahrscheinlich bald wieder einen kurzen Stängel mit einer Blüte herausschieben wird, dem harten Boden und dem Diebstahl zum Trotz.

Michael Krüger beschwört in einer Kolumne in der Süddeutschen Zeitung das «friedliche Heer vom gelben Löwenzahn», der bleiben wird, wenn alles andere zerfällt. Ja, der Löwenzahn wird ganz bestimmt bleiben, auch wenn die Menschen dafür sorgen sollten, dass die Insekten noch vor ihnen aussterben. Taraxacum braucht sie nämlich nicht zum Bestäuben und zum Befruchten. Er praktiziert Parthenogenesis, Jungfernzeugung. Er klont sich selbst.

Für ein Kilo Honig übrigens, das sind zwei Gläser voll, muss ein Bienenvolk heute aus 100 000 Zungenblütchen den

Auf der Wiese

Blütenboden mit Flugschirmen

Pusteblume

Schirmflieger mit Samen

Nektar holen. Wenn es eines Tages keine Bienen mehr geben wird, die den Nektar für den Löwenzahnhonig in ihre Beuten schleppen, dann müsste der überlebende Holozänmensch (der Mensch in der Nacheiszeit, also wir) die Zungenblütchen selbst aussaugen, wenn er dann noch Appetit auf Süßes hat. Er könnte sich auch aus den Blättern einen Salat zubereiten, so, wie ich es manchmal mache. Falls er noch auf der Erde lebt. Doch welch tröstliche Aussicht hätte er dann von oben, vom Mond, vom Mars oder von den Ringen des Saturn auf die in irgendeiner hoffentlich noch fernen Zukunft teilüberfluteten Kontinente. Friedliche Heere vom Gewöhnlichen Löwenzahn würden mit ihrer gelben Pracht Steppen, Tundren, Krater und Ufer ausleuchten, und seine Samenschirmchen würden zwischen den Ruinen verlassener Städte tanzen.

Phfff...sagt mir, kleine Fallschirme vom Gewöhnlichen Löwenzahn, in wie viel Jahren werden die Pole der Erde eisfrei sein?

Quellennachweis

Seite 13: Robert Macfarlane: *Karte der Wildnis*, Matthes & Seitz 2015

Seite 34: Helmut Bechtel: *Blumen im Walde*, Landbuch-Verlag 1967

Seite 41 f.: Helmut Genaust: *Etymologisches Wörterbuch der botanischen Pflanzennamen*, Nikol Verlagsgesellschaft 2005

Seite 60: Hanns Bächtold-Stäubli, *Handwörterbuch des Deutschen Aberglaubens*, Band 8, De Gruyter 1987.

Seite 71: Herta Strache, *Wiesenblumenbuch*, Safari-Verlag 1948

Seite 75: Eduard Mörike, Sämtliche Werke in 2 Bänden, Winkler 1967

Seite 80: Theodor Storm, Sämtliche Werke in 4 Bänden, Aufbau Verlag 1986

Seite 94: Herta Strache, *Wiesenblumenbuch*, Safari-Verlag 1948

Seite 109: Anton von Perger, *Deutsche Pflanzensagen*, Fourier 1978

Seite 130: Herta Strache: *Wiesenblumenbuch*, Safari-Verlag 1948

Seite 134: Herta Strache, *Wiesenblumenbuch*, Safari-Verlag 1948

Seite 147: Hanns Bächtold-Stäubli, *Handwörterbuch des Deutschen Aberglaubens*, Band 7, De Gruyter 1987

Weiterführende Literatur

«Was blüht denn da?» aus der Reihe «Kosmos Naturführer» (Franckh Kosmos Verlag) ist (für mich) einfach unschlagbar. Ganz besonders wegen der praktischen Einteilung nach Blütenfarben und den sehr genauen Zeichnungen, die bestens bei der Auffindung des Namens einer unbekannten Wildblume helfen, weil die Pflanzen und Blüten nicht wie auf Fotos durch Licht und Schatten verfälscht werden. Zum ersten Mal erschien das Buch 1935, es gilt als das Standardwerk, mit dem 870 Pflanzen bestimmt werden können. Und – «Was blüht denn da?» ist natürlich nicht aus der Zeit gefallen – es gibt eine App, «Flora Incognita», für Pflanzenbestimmung mit dem Smartphone.

Darüber hinaus gibt es zahllose auf verschiedene Habitate spezialisierte Naturführer, nicht nur für Wald, Wiese, Wegrain oder Sumpfgebiete, da empfehle ich, in die nächste Buchhandlung zu gehen und dort zu suchen, Buchhändlerinnen und Buchhändler freuen sich über jeden Kunden und helfen gern. Und noch ein Tipp: Pflanzenbücher veralten kaum, mit längst vergriffenen aus früheren Jahrzehnten kann man viel Freude haben. Unter der Web-Adresse ZVAB.com lässt sich wunderbar stöbern, dort bieten die unzähligen Antiquariatsbuchhandlungen ihre Schätze an, einige meiner liebsten Wildblumenbücher habe ich dort gefunden.

Wer auf der Suche nach Wildblumen und Wildnis eintauchen möchte in die Gedanken des phantastischen Naturbeschreibers Robert Macfarlane und die Muße des langsamen

Lesens aufbringen kann, der möge sich dessen Werk «Karte der Wildnis» auf den Nachttisch legen (erschienen 2015 in der Reihe «Naturkunden» bei Matthes & Seitz).

Die Autorin

Elke Loewe hat zahlreiche historische Romane veröffentlicht, die alle im norddeutschen Raum spielen, «Teufelsmoor» ist der bekannteste. Daneben sind Kriminalromane entstanden, in denen es um Tod geht – und um Blumen: «Die Rosenbowle», «Engelstrompete» und «Schneekamelie». Und – sie hat Piggeldy und Frederick erfunden, zwei Schweine, die beim Wandern auf dem Deich die großen Fragen des Lebens erörtern.

Der Illustrator

Matthias Holz, geboren 1980, hat Illustrations- und Textildesign studiert und ist seitdem als Designer und Illustrator tätig. Er lebt in Hamburg.
www.matthiasholz.com

FÜR

VON

Der rote Faden
No. 77

ISBN 978-3-649-61589-7

© 2014 Coppenrath Verlag GmbH & Co. KG
Hafenweg 30, 48155 Münster, Germany

Textsammlung: Katrin Gebhardt
Grafische Gestaltung: Thomas Wolters, Inter[net]litho
Alle Rechte vorbehalten, auch auszugsweise

www.coppenrath.de

DIE WELT IST VOLLER WUNDER

Freu dich des Lebens

COPPENRATH

Überall ist Wunderland.
Überall ist Leben.

Joachim Ringelnatz

Was ist die Zukunft?
Was ist die Vergangenheit?
Was sind wir?
Von Wundern umgeben,
leben und sterben wir.

Napoleon I. Bonaparte

Wir müssen nicht glauben,
dass alle Wunder der Natur nur in
anderen Ländern und Weltteilen seien.
Sie sind überall. Aber diejenigen,
die uns umgeben, achten wir nicht,
weil wir sie von Kindheit an täglich sehen.

Johann Peter Hebel

Leg's dem Leben nicht zur Last,
dünkt sein Wert dir Plunder!
Wenn du Märchenaugen hast,
ist die Welt voll Wunder.

Viktor Blüthgen

Wohin ich schaue, Wunder über Wunder,
wohin ich lausche, alles wunderbar.
Ihr sprecht von Sinn, Gesetz und von gesunder
Vernunft: Ihr schaukelt zwischen falsch und wahr!

Mich hat als Kind das Wunder tief getroffen!
Ich schlug es tot, weil's mir die Ruh vergällt.
Nun halt ich wieder Kinderaugen offen
und weiß, das Wunder ist der Grund der Welt.

Jakob Boßhart

An Wundern ist niemals Mangel in dieser Welt,
sondern nur am Sichwundernkönnen.

Gilbert Keith Chesterton

Es gibt kein Wunder für den,
der sich nicht wundern kann.

Marie von Ebner-Eschenbach

Wenn man Wunderbares betrachtet,
ohne sich zu wundern,
schwindet das Wunder von selbst.

Aus Japan

Wunder können jeden Tag geschehen,
man muss nur bereit sein, sie zuzulassen.

Anonym

Und immer wieder sinkt der Winter
und immer wieder wird es Frühling
und immer immer wieder stehst du
und freust dich an dem ersten Grün
und wenn die kleinen Veilchen blühn,
und immer wieder ist es schön
und macht es jung und macht es froh,
und ob du's tausendmal gesehn:
Wenn hoch in lauen blauen Lüften
die ersten Schwalben lustig zwitschern …
immer wieder … jedes Jahr …
Sag, ist das nicht wunderbar?!

Diese stille Kraft der Seele:
immer neu sich aufzuringen
aus der Tiefe in die Höhe …
Sag, ist das nicht wunderbar?!
Diese stille Kraft der Seele,
immer wieder sich zur Sonne zu befrein,
immer wieder stolz zu werden,
immer wieder froh zu sein.

Cäsar Flaischlen

Das Wunderbarste an Wundern ist,
dass sie manchmal wirklich geschehen.

Gilbert Keith Chesterton

Wunder geschehen plötzlich.
Sie lassen sich nicht herbeiwünschen,
sondern kommen ungerufen, meist in
den unwahrscheinlichsten Augenblicken,
und widerfahren denen, die am wenigsten
damit gerechnet haben.

Georg Christoph Lichtenberg

Glauben Sie nicht an Wunder,
verlassen Sie sich auf sie.

Anonym

Die Welt ist voll alltäglicher Wunder.

Martin Luther

In dieser Welt können die einfachsten Dinge Wunder
bewirken, wenn du nur bereit bist, sie wahrzunehmen.
Ein Stein, der jahrelang auf dem Grund
eines Sees gelegen hat, kann dennoch dazu
verwendet werden, Feuer zu machen.
Eine kleine Kerze kann Licht in eine Höhle bringen,
die jahrelang im Dunklen gelegen hat.
Der Mond scheint in der Nacht und beleuchtet
deinen Weg, eine Blume wächst am Wegesrand.
Alles verändert sich, nichts ist für immer.

Buddhistische Weisheit

In den kleinsten Dingen zeigt die Natur
die allergrößten Wunder.

Carl von Linné

Suchst du das Höchste, das Größte?
Die Pflanze kann es dich lehren.
Was sie willenlos ist, sei du
es wollend – das ist's.

Friedrich von Schiller

Liebt die ganze Schöpfung –
jedes Blatt und jeden Sonnenstrahl!
Wenn ihr das tut, werden sich euch
die Geheimnisse des Göttlichen
offenbaren.

Fjodor M. Dostojewski

Die Natur hat tausend Freuden
für den, der sie sucht und
mit warmem Herzen
in ihren Tempel eintritt.

Rahel Varnhagen

Die Natur ist aller Meister Meister,
sie zeigt uns erst den Geist der Geister.

Johann Wolfgang von Goethe

Der Natur ist so viel abzulernen:
die Ruhe, die Unermüdlichkeit,
die stete Produktion, die Dauer im Wechsel,
die Grandiosität, die fortbildende Entwicklung.

Ernst von Feuchtersleben

Die Natur ist die große Ruhe gegenüber
unserer Beweglichkeit. Darum wird sie der
Mensch immer mehr lieben, je feiner und
beweglicher er werden wird. Sie gibt ihm die
großen Züge, die weiten Perspektiven und
zugleich das Bild einer bei aller unermüdlichen
Entwicklung erhabenen Gelassenheit.

Christian Morgenstern

In der ganzen Natur ist kein Lehrplatz,
lauter Meisterstücke.

Johann Peter Hebel

Alles hängt normalerweise zusammen
wie die Glieder einer Kette,
und alles ist zum Besten bestellt.

Voltaire

Wenn man die Natur wahrhaft liebt,
so findet man sie überall schön.

Vincent van Gogh

Je tiefer man die Schöpfung erkennt,
umso größere Wunder entdeckt man in ihr.

Martin Luther

Die Welt ist eine optimistische Schöpfung.
Beweis: Alle Vögel singen in Dur.

Jean Giono

Blumen machen uns zu besseren, glücklicheren,
hilfreicheren Menschen; sie sind Sonnenschein,
Nahrung und Balsam für die Seele.

Luther Burbank

Wo Blumen blühen, lächelt die Welt.

Ralph Waldo Emerson

Kein Mensch auf Erden hat mir so viel Freude gemacht
als die Natur mit ihren Farben, Klängen, Düften, mit
ihrem Frieden und ihren Stimmungen.

Peter Rosegger

Im Herzen der Menschen
lebt das Schauspiel der Natur;
um es zu sehen,
muss man es fühlen.

Jean-Jacques Rousseau

Betrachtet der Mensch die Natur und das Leben
mit einer für alles Schöne empfänglichen Seele,
offenen Auges und ohne Eigennutz, dann werden
sie ihm auch viel Vergnügen bereiten.

Alexander Iwanowitsch Herzen

Froh bin ich, wieder einmal in Gebüschen, Wäldern,
unter Bäumen, Kräutern, Felsen wandeln zu können,
kein Mensch kann das Land so lieben wie ich.
Geben doch Wälder, Bäume, Felsen den Widerhall,
den der Mensch wünscht.

Ludwig van Beethoven

Und sind auch Wald, Wiesen und Feld für
strebsame Publizisten kaum die geeigneten
Spielplätze, so findet doch derjenige, dem's taugt,
daselbst umso wahrscheinlicher die Gelegenheit,
sich in aller Stille ein wenig die Seele zu schneuzen.

Wilhelm Busch

Die Natur muss gefühlt werden,
wer sie nur sieht und abstrahiert,
kann Pflanzen und Tiere zergliedern,
er wird die Natur zu beschreiben wissen,
ihr aber selbst ewig fremd sein.

Friedrich von Humboldt

Die Hochzeit der Seele mit der Natur
macht den Verstand fruchtbar und
erzeugt die Fantasie.

Henry David Thoreau

Man kann einen seligen, seligsten Tag haben,
ohne etwas anderes zu gebrauchen
als blauen Himmel und grüne Erde.

Jean Paul

O selige Natur!
Verloren ins weite Blau,
blick ich oft hinauf an den Äther
und hinein ins heilige Meer, und mir ist,
als öffnet ein verwandter Geist mir die Arme,
als löste der Schmerz der Einsamkeit sich auf
ins Leben der Gottheit, das ist der Himmel des
Menschen. Eins zu sein mit allem, was lebt,
in seliger Selbstvergessenheit wiederzukehren
ins All der Natur, das ist der Gipfel
der Gedanken und Freuden.

Friedrich Hölderlin

Der größte Trost der Geschichte
war von jeher, dass die Natur
durch allen verlebten Schutt hindurch
immer neue Kräfte emporschiebt.

Franz Marc

Was Zeit und Menschen zerstören,
entsteht in neuen Formen wieder,
und die Fee, die allem
einen neuen Anfang gibt,
ist die Natur.

George Sand

Es liegt eine wunderbare Heilkraft in der Natur.
Oft gibt der Anblick eines schönen Abendhimmels,
der Duft einer Blume der bedrückten Seele
Hoffnung und Lebensmut zurück.

Sophie Verena

Die Sonne scheint für dich – deinetwegen;
und wenn sie müde wird, beginnt der Mond,
und dann werden die Sterne angezündet.
Es wird Winter, die ganze Schöpfung
verkleidet sich, spielt Verstecken,
um dich zu vergnügen.
Es wird Frühling; Vögel schwärmen herbei,
dich zu erfreuen; das Grün sprießt, der Wald
wächst schön und steht da wie eine Braut,
um dir Freude zu schenken.
Es wird Herbst, die Vögel ziehn fort,
nicht weil sie sich rar machen wollen, nein,
nur damit du ihrer nicht überdrüssig würdest.
Der Wald legt seinen Schmuck ab, nur um im
nächsten Jahr neu zu erstehen, dich zu erfreuen …
All das sollte nichts sein, worüber du dich
freuen kannst?
Lerne von der Lilie und lerne vom Vogel,
deinen Lehrern: zu sein heißt: für heute da sein –
das ist Freude.
Lilie und Vogel sind unsere Lehrer der Freude.

Søren Kierkegaard

Die Sonne blickt mit hellem Schein
so freundlich in die Welt hinein.
Mach's ebenso!
Sei heiter und froh!

Der Baum streckt seine Äste vor;
zur Höhe strebt er kühn empor.
Mach's wie der Baum –
im sonnigen Raum!

Die Quelle springt und rieselt fort,
zieht rasch und leicht von Ort zu Ort.
Mach's wie die Quell –
und rege dich schnell!

Der Vogel singt sein Liedlein hell,
freut sich an Sonne, Baum und Quell.
Mach's ebenso!
Sei heiter und froh!

Johann Gottfried Herder